乡村振兴农民百事通系列　主编：何丞

农民遇险自救百事通

洪　凯　编著

SPM 南方传媒 | 广东人民出版社
·广州·

图书在版编目（CIP）数据

农民遇险自救百事通 / 洪凯编著. —广州： 广东人民出版社，2023.7
（乡村振兴农民百事通系列）
ISBN 978-7-218-16484-7

Ⅰ.①农… Ⅱ.①洪… Ⅲ.①农民—自救互救—研究—中国 Ⅳ.①X4

中国国家版本馆 CIP 数据核字（2023）第 038680 号

NONGMIN YUXIAN ZIJIU BAISHITONG
农民遇险自救百事通

洪 凯 编著

出 版 人： 肖风华

责任编辑： 卢雪华 李宜励
装帧设计：
插 画： 广州六字文化传播有限公司 Guangzhou Liuyu Culture Communication Co., Ltd. 谭志坚
责任技编： 吴彦斌 周星奎

出版发行： 广东人民出版社
地 址： 广州市越秀区大沙头四马路 10 号（邮政编码：510199）
电 话：（020）85716809（总编室）
传 真：（020）83289585
网 址： http://www.gdpph.com
印 刷： 广东鹏腾宇文化创新有限公司
开 本： 787mm × 1092mm 1/32
印 张： 3.625 **字 数：** 121 千
版 次： 2023 年 7 月第 1 版
印 次： 2023 年 7 月第 1 次印刷
定 价： 22.00 元

编 委 会

主　　编　洪　凯

编写人员　郑沁怡　梁轩豪　刘雅珊

总　序

没有农业农村现代化，就没有整个国家现代化。党的二十大报告指出："全面建设社会主义现代化国家，最艰巨最繁重的任务仍然在农村。"报告重申"坚持农业农村优先发展"，并首次明确提出"加快建设农业强国"。

那么如何加快建设农业强国，如何扎实推动乡村产业、人才、文化、生态、组织振兴呢？

2019年，我们组织编写了《新时代乡村振兴百问百答丛书》。3年来，丛书取得较好的社会效益与经济效益，经常有读者通过各种方式表示从这套书中获益。这让我们很受鼓舞。

时代在前进，我们实现了小康这个中华民族的千年梦想，打赢了人类历史上规模最大的脱贫攻坚战。当前，农民群众关心的急难愁盼问题也发生了变化。

据此，我们重新策划选题，按照“农民百事通”的角度重新编写了一套丛书，共有9本。争取贴近农民群众，贴近农村现实，做农民群众的贴心人。

实施乡村振兴战略，组织是保障。组织振兴是乡村振兴的“第一工程”，是新时代党领导农业农村工作的重大任务。为此，我们编写了《乡村党务工作百事通》。

乡村振兴的质量和成色，要靠“绿水青山”打底色。从生产到生活，离开了绿色，乡村就失去了本色。为此，我们编写了《乡村环境保护百事通》。

健全基本公共服务体系，提高农村公共服务水平，是扎实推进共同富裕的重要领域。为此，我们编写了《乡村公共服务百事通》。

产业兴旺是乡村振兴的重要基础，而就业是最基本的民生，外出务工仍然是农民增收的最主要渠道。为此，我们编写了《农民务工兴业百事通》。

党的二十大报告提出“坚持多劳多得，鼓励勤劳致富”“鼓励共同奋斗创造美好生活，不断实现人民对美好生活的向往”。生活富裕是广大农民群众的热切向往。为此，我们编写了《农民增收致富百事通》。

乡村振兴，法治要先行。畅通农民权益保障通道，有助于健全城乡社区治理体系。为此，我们编写了《农民权益保障百事通》。

人民健康是民族昌盛和国家强盛的重要标志。乡村要振兴，农民健康须先行。为此，我们编写了《农民卫生保健百事通》。

提升农民群众的防灾减灾意识，减轻、避免自然灾害造成人员伤亡和财产损失，有助于巩固脱贫攻坚成果，全面推进乡村振兴。灾害会让农村片瓦不留，诈骗同样会让农民倾家荡产。为此，我们编写了《农民遇险自救百事通》和《农民预防诈骗百事通》。

我们对编撰者的要求，第一，既然是百事通，那就要设置好“事情”，一定要是农民关心的焦点、难点、热点、痛点、痒点问题。

第二，语言上接地气，通俗易懂，我们要求团队里的教授、专家们放下架子，露出农民本色，就如同面对面回答农民关心的教育、养老、生老病死等问题，用大白话说清楚、讲明白。

第三，不做论文，不做教科书，我们不讲大话，不讲套话，内容实实在在，简单直白地告诉农民朋友怎么办、怎么干、怎么解决问题。

第四，将国家相关的惠农政策也翻译成大白话，让农民朋友知道这项国家政策有什么实实在在的好处。

第五，要有生动鲜活的案例，还要是农民身边的故事，可模仿，可借鉴，或者是引以为戒。

当然，知易行难，是否能达到我们预想的效果，请广大读者朋友检验。另外，鉴于水平有限，差错难免，欢迎批评指正。

丛书主编 

2022 年 12 月

目　录

一　气象灾害遇险自救

SOS
农家如何防范气象灾害

第一，学。要学习各种气象灾害及避险知识。

第二，备。做好个人、家庭防御灾害物资准备。

第三，听。通过正规渠道，如电视、广播、报纸、“12121”电话、手机短信等，及时收听（收看）各级气象部门发布的灾情信息，但不可听信谣传。

第四，察。密切注意观察周围环境的变化情况，选好安全的避灾场所，一旦发现某种异常现象，要尽快向有关部门报告，请专业部门判断，提供对策。

第五，断。在救灾行动中，首先要切断可能会导致次生灾害的电、煤气、水等灾源。

第六，抗。灾害一旦发生，要保持良好的心态，坦然面对，乡村干部要带领大家积极避险抗灾。

第七，救。利用学过的一些救助知识，组织大家自救和互救，比如在大水、大火中逃生的自救和互救；利用准备的药品，对受伤或生病者进行及时抢救。同时还要注意卫生防疫工作。

第八，保。除个人保护外，要积极参加防灾保险，比如，人身意外保险、农作物保险（这类保险都有政府补贴，要积极参保，防患于未然）等，减少经济损失。

第九，演。农村党支部、村委会、经济（联）社等要根据本地区气象灾害特点，与相关部门配合制定气象灾害应急避险预案，在气象灾害频发季节到来前，检查预防措施落实情况，并组织村民进行防灾演练。

SOS 家庭日常灾害应急物资如何储备

2020年12月，广东省减灾委员会办公室、广东省应急管理厅在借鉴国内外家庭应急物资储备经验做法的基础上，结合本省自然灾害特点、居民生活习惯等实际情况，起草了《广东省家庭应急物资储备建议清单（征求意见稿）》供城乡居民家庭使用（详见表1、表2）。

表1 广东省家庭应急物资储备建议清单（基础版）

分类	序号	物品名称	相关说明	适用灾害类型
应急物品	01	饮用水和食品	包括瓶/桶装水、压缩饼干、干脆面、巧克力、罐头等，用于补充身体水分和营养	所有灾种
	02	毛巾、纸巾、卫生湿巾	用于清洁个人卫生	
应急工具	03	救生哨	用于救援呼救，可吹出高频求救信号	
	04	应急逃生绳	应能支撑体重，用于居住楼层较高逃生	
	05	具备收音功能的手摇充电电筒	满足紧急照明、紧急求救需要，能手摇发电，具备对手机充电、收音机、按键可触发报警声音等功能	
	06	多功能组合剪刀	包括刀锯、螺丝刀、钢钳等组合功能，用于切割、拧转以及夹断物件	
	07	救生衣、救生圈	用于洪灾、城市内涝逃生	台风、洪水
	08	多功能雨衣	用于防风防雨，背包连体雨衣、地席及简易帐篷	
	09	呼吸面罩	消防过滤式自救呼吸器，用于火灾逃生	火灾
	10	灭火器/防火毯	用于扑灭油锅火等，起隔离热源及火焰作用或披覆在身上逃生	
应急药具	11	常用医药品	包括止血止痛、抗感染、抗感冒、抗腹泻类非处方药（少量）以及防暑降温药品等，用于止血止痛及抵抗感染、感冒、腹泻和防止中暑等	所有灾种
	12	常备医用材料	包括碘伏棉棒、酒精棉球、创可贴、纱布绷带等，用于处理伤口、消毒、杀菌和外伤包扎等	

资料来源：广东省应急管理厅官网

表2 广东省家庭应急物资储备建议清单（扩充版）

物品大类	物品小类	序号	物品名称	适用灾害类型
水和食品	水	01	瓶装水或桶装水	所有灾种
	食品	02	饼干或压缩饼干、干脆面、巧克力等	
		03	无需加热即可食用的食品、罐头等	
		04	维生素补充剂	
	特殊人群食品	05	婴儿奶粉、儿童特殊食品	
		06	老年人特殊食品	
		07	高血压、高血糖患者食品等	
生活用品	洗漱用品	08	毛巾、纸巾、牙膏、牙刷	
		09	洗发水、沐浴露、香皂	
		10	手动剃须刀等	
	衣物	11	备用内衣裤、轻便贴身衣物	
		12	防水鞋、拖鞋	
		13	帽子、手套	
	特殊人群用品	14	奶粉奶瓶套装	
		15	儿童图书、玩具等	
		16	婴儿、成人尿不湿	
		17	孕妇用品、卫生巾等	
	防疫用品	18	防护口罩、防护手套	
		19	75%酒精（含喷雾器）、消毒湿巾	
	其他生活用品	20	驱蚊剂	地震、洪水等
		21	消毒液、漂白剂等	台风、洪水

（续上表）

物品大类	物品小类	序号	物品名称	适用灾害类型
应急工具	逃生工具	22	救生衣、救生圈	洪水
		23	应急逃生绳	所有灾种
	求救联络工具	24	救生哨	
		25	多功能强光手电筒	
		26	便携式收音机（带备用电池）	
		27	反光衣	洪水
	生存救助工具	28	手摇手电 / 便携式手电（带备用电池）	所有灾种
		29	应急毛毯	
		30	多功能组合剪刀	
		31	多功能雨衣	洪水、台风
		32	防风防水火柴	
		33	长明蜡烛	
		34	呼吸面罩	火灾
		35	灭火器 / 防火毯	
应急药具	消炎用品	36	碘伏棉棒 / 酒精棉球	所有灾种
		37	创可贴	
		38	抗菌软膏	
	包扎用品	39	医用纱布块 / 纱布卷	
		40	医用弹性绷带	
		41	三角绷带	
		42	止血带 / 压脉带	
	急救工具	43	AED（自动体外除颤器）	所有灾种
		44	剪刀 / 镊子	

（续上表）

物品大类	物品小类	序号	物品名称	适用灾害类型
应急药具	急救工具	45	医用橡胶手套	所有灾种
		46	医用纸胶带	
		47	棉花球	
		48	体温计	
	医用药品	49	抗感冒类药（如布洛芬胶囊、抗病毒口服液和小柴胡颗粒等）	
		50	抗过敏药（如氯雷他定）	
		51	外用药类（如云南白药喷雾剂、莫匹罗星软膏和湿润烫伤膏等）	
		52	胃肠道药（如铝碳酸镁片、黄连素、蒙脱石散和口服补液盐等）	
		53	心脏病药（如硝酸甘油、速效救心丸和丹参滴丸等）	
		54	慢性病患者常规用药（如高血压降压药、糖尿病降糖药和哮喘药物等）	
贵重物品及文件资料	家庭成员信息资料	55	身份证	所有灾种
		56	户口本	
		57	机动车驾驶证	
		58	出生证	
		59	结婚证	
	重要财物	60	适量现金	
		61	银行卡、存折	
		62	房屋使用权证书	
		63	股票、债券等	
	紧急联络方式	64	家庭紧急联络单（电话联系表）	所有灾种
		65	保险单	

（续上表）

物品大类	物品小类	序号	物品名称	适用灾害类型
贵重物品及文件资料	紧急联络方式	66	家庭应急卡片（建议正面附家庭成员照片、血型、常见疾病等情况，反面附家庭住址、家属联系方式、应急部门联系电话和紧急联络人联系方式）	所有灾种

资料来源：广州市应急管理局官网

2021年8月，广州市减灾委员会办公室、广州市应急管理局正式印发《广州市家庭应急物资储备建议清单》（详见表3）。清单共计26种必要的家庭应急物资，分别为应急饮水和食品、应急生活用品、应急医疗物品、应急救助物品。清单充分考虑灾害72小时黄金救援期的需要，明确了相关家庭应急物资的储备量为每个家庭3天的基础消耗量，自救互救类物资储备量建议家庭成员每人备用。家庭应急物资储备主要以满足受灾家庭日常生活、医疗救护、自救互救为原则，突出了物资使用的日常性、必要性、实用性，方便居民群众储备和应急使用。

表3　广州市家庭应急物资储备建议清单

物品大类	序号	物品名称	储备量	用途
应急饮水和食品	1	瓶装或桶装饮用水	户均3天消耗量	满足灾时家庭成员基本生活需求
	2	饼干、方便面、八宝粥等		
	3	即食性蔬菜类、肉类罐头等		
	4	米、面、粉类		

（续上表）

物品大类	序号	物品名称	储备量	用途
应急饮水和食品	5	老年人、婴幼儿特殊食品	户均3天消耗量	满足灾时家庭成员基本生活需求
应急生活用品	6	内衣、外衣、鞋	户均3天消耗量	满足灾时家庭成员日常用品需求
	7	卫生卷纸、纸巾		
	8	洗漱用品		
	9	老年人、婴幼儿、女性特殊护理用品		
	10	洗涤用品		
	11	家居消毒用品		
应急医疗物品	12	治疗急性感冒、胃肠道等疾病药物	适量储备	满足灾时家庭成员医护常备需求
	13	慢性疾病常服药物		
	14	常用抗病毒、抗感染类非处方药物		
	15	止血贴、医用棉签及酒精、碘酒等伤口消毒剂		
	16	医用胶布、纱布、口罩		
应急救助物品	17	救生衣	人均1件	满足灾时家庭成员自救互救需求
	18	应急逃生绳	人均1条	
	19	强光（报警）手电筒	人均1盏	
	20	多功能小铁铲	人均1把	
	21	防火毯	人均1条	
	22	防烟（尘）面罩	人均1个	

（续上表）

物品大类	序号	物品名称	储备量	用途
应急救助物品	23	防护头盔	人均 1 个	满足灾时家庭成员自救互救需求
	24	家用灭火器	人均 1 个	
	25	应急求助口哨	人均 1 个	
	26	应急自助火源（打火机）	人均 1 个	
其他应急物品	每户家庭可根据自身需求增添必要储备			

资料来源：广州市应急管理局官网

SOS 家庭卫生应急物资如何储备

2020年10月，广东省卫健委印发《广东省卫生健康委办公室关于印发家庭卫生应急物资储备建议清单的通知》，建议全省家庭按《家庭卫生应急物资储备建议清单》（详见表4）开展家庭卫生应急物资储备。

表4　家庭卫生应急物资储备建议清单

序号	物品分类	物品名称	备注（功能与应用）
1	清创包扎	消毒棉签 / 棉花球	涂抹药物、擦拭皮肤、蘸取物品
2		医用纱布块 / 纱布卷	压迫止血
3		创可贴（苯扎氯铵贴）	小伤口包扎止血
4		医用弹力绷带	受伤处包扎固定

（续上表）

序号	物品分类	物品名称	备注（功能与应用）
5	清创包扎	三角巾绷带	普通伤口止血、包扎、骨折固定
6		止血带 / 压脉带	止血、包扎
7		不锈钢剪刀	伤口处理
8		不锈钢镊子	伤口处理
9		医用橡胶手套	手部保护
10		医用纸胶带	止血、包扎
11		医用酒精 / 医用酒精棉球 / 片	备用少量、小瓶即可
12		碘伏消毒液 / 碘伏棉球 / 片	备用少量、小瓶即可
13		安全别针	固定三角巾
14	感冒治疗药	布洛芬缓释片 / 缓释胶囊	用于缓解轻至中度疼痛如关节痛、肌肉痛、神经痛、头痛、偏头痛、牙痛、痛经，也用于普通感冒或流行性感冒引起的发热，胃病者慎用
15		抗病毒口服液	用于流行性感冒、风热感冒等症
16		小柴胡颗粒	用于风热感冒
17	外用药	云南白药气雾剂	止血化瘀，祛肿止痛
18		莫匹罗星软膏	用于治疗皮肤的细菌感染
19		湿润烫伤膏	用于各种烧、烫、灼伤
20	胃肠道药	铝碳酸镁片	用于治疗消化系统疾病
21		黄连素	用于治疗细菌性的胃肠炎、痢疾等消化道疾病

（续上表）

序号	物品分类	物品名称	备注（功能与应用）
22	胃肠道药	蒙脱石散	用于急、慢性腹泻
23		口服补液盐	用于治疗急性腹泻、慢性腹泻引起的水电解质紊乱
24	抗过敏药	氯雷他定	用于治疗过敏症状
25	慢性病患者常规用药和应急用药	根据具体病种由医生开具，如高血压降压药、糖尿病降糖药、哮喘药物等	
26	消杀药物	速干手消毒剂	皮肤应急消毒
27		二氧化氯泡腾片	饮水、食品、物品消毒
28		蚊虫驱避剂（杀虫药物）	灭杀蚊虫等
29	其他	退热贴	小孩降温
30		体温计	测量体温
31		医用口罩	呼吸道防护
32		手电筒	停电时使用
33		口哨	通信故障时使用

资料来源：清远市人民政府官网

SOS
常用的应急救援电话有哪些

政府服务热线（可以请求任何类型的政府救援）：12345

报警电话：110

紧急呼救中心（全球通用）：112

查号台：114

火警电话：119

森林火警电话：12119

急救中心电话：120

道路交通事故报警：122

市场监督管理热线（包括市场监管，知识产权保护，价格、食品、药品、化妆品、医疗器械、特种设备、计量检测检验、质量监督等）：12315

水上遇险求救电话：12395

全国免费法律咨询服务电话：12348

全国铁路客户服务电话：12306

SOS

村民应熟悉哪些应急疏散标识

标识

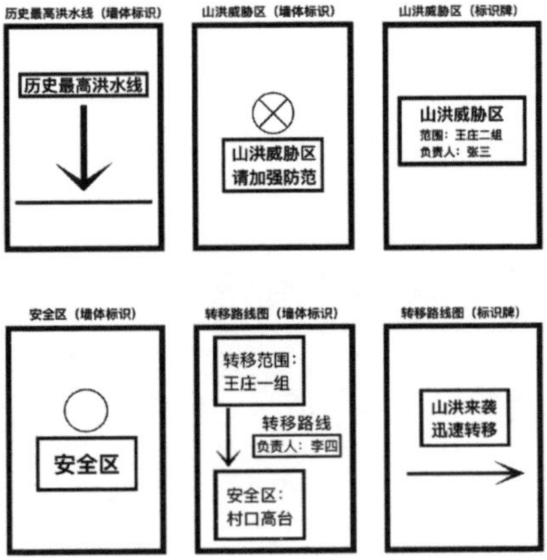

村民应熟悉的应急疏散标识

SOS
台风来临前家庭防御如何准备

第一，备好急需用品，做好室内检查。台风来临前，应准备好手电筒、蜡烛、火柴（打火机）、收音机（最好是干电池晶体收音机）、食物，手机充满电、充电宝充满电，准备饮用水及常用药品等，以备急需。同时，关好非必要门窗，检查门窗是否坚固，加钉木板；取下房内悬挂的东西；检查电路、炉火、煤气等设施是否安全；断落的电线，不可用手触摸，应通知电力公司检修。防止室内积水，可在家门口安放挡水板或堆砌土坎。

第二，妥善安置室外物品。将养在室外的动植物及其他物品移至室内；空调室外机、雨篷、太阳能热水器等室外易被吹动的东西要加固。庭园花木均应加支架保护，并修剪树枝，以防花木折毁或倒塌而损毁房屋。

第三，转移到安全处。住在低洼地区和危旧及抗风能力差的房屋中的人员要及时转移到安全住所。在发现房屋有倾倒迹象时，应快速从事先观察好的通道疏散。及时清理排水管道，保持排水畅通。若被困在屋中，要选择在床、写字台、桌子等支撑力强的物体下躲避。同时，还应通过各种方式与外界联系，大声呼救、敲击金属物品提高被救概率。

第四，人在街上要尽快抵达安全地点。

第五，在海岸附近或海上的滩涂养殖人员、临时工棚人员、海上作业人员等要及时转移至安全地点。出海船舶要尽快返港或在锚地避风，人员全部上岸。建筑工地的吊车、围墙等要做好固定防风，保持安全间距。

SOS 台风来临时如何避险

第一，密切关注各平台播报的相关天气信息。

关注各类天气预报信息

第二，紧固易被风吹动的搭建物。如果已在结实的房屋里，应小心关好窗户，在窗玻璃上用胶布贴成“米”字图形，以防窗玻璃破碎。

紧固易被风吹的搭建物

第三，危房、危楼、危桥、危墙、低洼地、山坡下、山体下、水库坝、河道、河谷、河堤、岩洞等危险地段不可久留，人员应立即转移到安全地点或应急避难场所。

人员应急疏散转移

第四，人员尽量不要外出，在家里应尽量避免使用电话。未收到台风离开的天气预报前，即使出现短暂的平静仍须保持警戒。如果无法撤离至安全场所，可就近选择在空间较小的室内（如壁橱、厕所等）躲避，或者躲在桌子等坚固物体下。

人员不要外出

第五，严格落实防台风“五个百分百”要求。即出海作业渔船百分之百回港（商船则避开台风影响的海域），渔排人员百分之百上岸，回港船只百分之百落实防御措施，暴潮巨浪高危区、小流域洪水高危区、山区地质灾害高危区和滨海旅游度假区人员百分之百转移到安全地带，危破房、低洼地简易房、户外施工作业人员百分之百转移到安全地带。台风期间不要到台风经过地区旅游及沿海游泳，更不能乘船出海。不要在河、湖、海堤或桥上行走。如果此时已在水面上（如游泳），则应立即上岸避风避雨。

台风地区不得旅游、游泳和出海

第六，外出时注意观察周边并查看电子地图、收听交通广播，尽可能绕开河道、低洼地带及积水严重的地段，注意观察各类警示标志、标识，走路时注意避开井盖、有漩涡的积水处、不牢固的围墙等。尽量不骑车，驾车外出也要保持低速慢行，看清道路，谨慎变道，开启示宽灯或防雾灯，车辆若在水中熄火不要重开，应立即弃车离开现场。待危险过去后再将车开到地下停车场或隐蔽处。如果在室外，千万不要在临时建筑物、广告牌、铁塔、大树等附近避风避雨。

绕开危险地带

第七，如台风期伴有雷电，要采取防雷措施，防止雷击。

第八，不要靠近落地电线，可以先竖起警示标志，然后再拨打电力报修电话。

SOS 台风过后该怎么办

第一，抢救伤员。保持室内空气流通、温暖，不要给昏迷者喂流食，必要时施行人工呼吸。

第二，保持身体健康。不要过度劳累，多喝干净的水。

第三，注意卫生。清理残骸时戴胶皮手套、穿胶皮靴并使用木棍；清理完后注意用肥皂和净水洗手。

第四，注意安全。当心被冲毁的路面、损坏的建筑、污水、燃气泄漏、碎玻璃、损坏的电线以及湿滑的地面等；小心虫、蛇；不要进入结构严重损坏或发生了煤气泄漏的房屋。

第五，向当地有关部门报告健康及安全问题。包括化学物品泄漏、电力系统瘫痪、道路毁坏、燃气管道损坏以及生命损失等情况。

SOS 下暴雨前该怎么办

第一，平时要多学习一些防灾、减灾知识，养成关注天气预报的习惯，随时掌握天气变化，做好家庭防护准备。

第二，密切关注汛期的洪水预警，服从统一安排，及时避险。

第三，住在洼地的居民要认真检查各种防范措施是否落实，发现隐患及时整改。并提前疏浚住宅周边的排水沟，在院落及建筑物的周围修筑拦洪坝、围堰、围墙等防水设施，准备沙袋、草包、挡水板、救生衣等物品及抽水泵等设备，或做好防水门槛，设置挡水坝以防止洪水进屋。应在门槛外（如预料洪水会涨得很高，还应在底层窗槛外）垒起一道挡水墙，其最好的材料是沙袋，也就是用麻袋、塑料编织袋或米袋、面袋等装入沙石、碎石、泥土、煤渣等，然后再用旧地毯、旧毛毯、旧棉絮等塞堵门窗的缝隙。

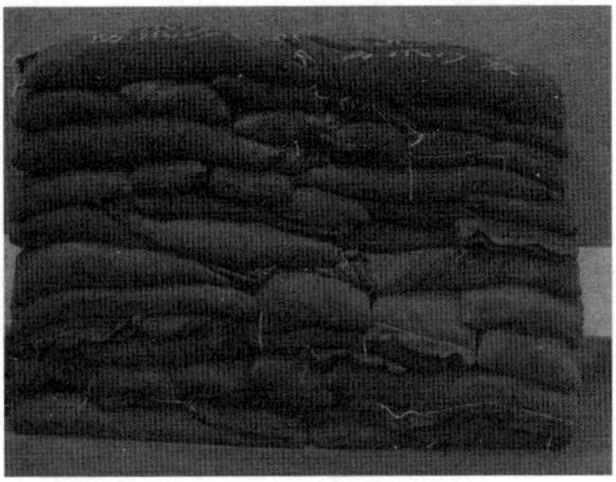

防汛沙袋的正确堆放

资料来源：搜狐网

防汛实用挡水板

资料来源：山东鼎锋门业网站

第四，对家中常备的船只、木筏、救生衣等安全逃生物品，汛期到来前要检查是否可以随时使用。

第五，准备防灾应急包，选择双肩帆布包，放置手电筒、蜡烛、打火机、颜色鲜艳的衣物及旗子、哨子和3天的食品及水等，重量以10～15千克为宜。

SOS 特殊群体汛前如何转移

对于乡村独居老人、伤残人士、留守儿童等特殊群体应建立临灾转移“四个一”工作机制。

第一，要建立“每户一对接”转移责任。以村（居）为单位，组织对辖区内的独居老人、伤残人士、留守儿童等特殊群体逐一进行排查登记，按照每一户确定至少一名转移对接责任人的要求，明确具体的对接人员、对接时点、对接方式、转移路线、安置地点等。

第二，要建立“每村（居）一台账”转移清单。每个村（居）要建立特殊群体临灾转移责任台账，明确特殊群体人员姓名、年龄、住址、联系方式和转移对接责任人名单、联系方式、转移工作要求等信息。村（居）要组织转移对接责任人平时定期上门与所对接的联系户沟通，并每年至少开展一次演练，确保临灾时能及时有效对接和转移。

第三，要建立“每镇（街）一张网”转移体系。乡镇（街道）要督促指导各村（居）落实好转移对接机制，加强对接工作检查。要落实“镇（街）领导联系村（居）”制度，挂点驻村的镇（街）干部平时要具体指导所联系村（居）的转移对接工作，临灾时要督导转移对接工作切实到位。

第四，建立“每灾一行动”转移启动机制。要建立与“三防”、应急、自然资源、水利、气象、水文等预警信号挂钩的转移启动机制，明确临灾前人员转移对接的启动时机，畅通预警信息和转移指令发布、接收渠道。

SOS
洪水来临前如何逃生

第一，在洪水到来前，要关闭煤气阀和电源总开关，以防因电线浸水而漏电失火、伤人。若时间允许，则赶紧收拾家中贵重物品放在楼上。如时间紧急，可把贵重物品放在较高处，如桌子、柜子或架子上，或作防水捆扎后埋入地下，以免被水浸湿。

第二，在洪水到来前，采取必要的防范措施，首先要堵塞门的缝隙，旧地毯、旧毛毯都是理想的塞缝隙的材料，还要在门槛外堆放沙袋，阻止洪水涌入。为防洪水涌入屋内，首先要堵住大门下面所有空隙，最好在门槛外侧放上沙袋。沙袋可自制，以长30厘米、宽15厘米最好，也可以用塑料袋装满沙子、泥或碎石，再放入沙袋。如预料洪水会涨得很高，底层窗台外也要堆上沙袋。

SOS
洪水中如何自救

第一，受到洪水威胁时，一定要沉着冷静。如果时间充裕，应按照预定路线，有组织地向山坡、高地、屋顶、高层建筑物等高处转移。

第二，在野外受到洪水威胁时，一定要保持冷静。根据平时掌握的地质情况迅速判断周边环境，尽快向山上或较高的地方转移；同时要注意观察水情警示牌，防止误入深水区或掉进排水口。

第三，在山区，如果连降大雨，容易暴发山洪。遇到这种情况，应注意避免渡河，防止被山洪冲走，还要注意防止山体滑坡、滚石、泥石流等的伤害。

第四，当住宅遭受洪水淹没或围困时，应迅速安排家人向屋顶转移，要收集一切可用来发求救信号的物品，如手电筒、哨子、旗子、鲜艳的床单、沾油破布（用以焚烧）等。及时发出求救信号，以争取被营救。用绳子或被单使身体与烟囱相连，以免从屋顶滑下，并想办法发出求救信号。条件允许时，可利用竹木等漂浮物转移到安全的地方。

第五，如洪水继续上涨，暂避的地方已难自保，应充分利用准备好的救生器材逃生，或者迅速找一些门板、桌椅、木床、大块的泡沫塑料等能漂浮的材料扎成筏子逃生。不到迫不得已不可乘木筏逃生。乘木筏是有危险的，尤其是对水性不好的人，一旦遇上汹涌洪水，很容易翻船。此外，爬上木筏前一定要试验其浮力，没有问题后再带上食物和船桨以及可以发出求救信号的工具。

第六，如果已被洪水包围，要设法尽快与当地政府防汛部门取得联系，报告自己的方位和险情，积极寻求救援。

第七，如已被卷入洪水中，一定要尽可能抓住固定的或能漂浮的物体，积极寻找机会逃生。

第八，千万不要游泳逃生，不可攀爬带电的电线杆、铁塔，也不要爬到泥坯房的屋顶。

第九，发现高压线铁塔倾斜或者电线断头下垂时，一定要迅速远避，防止直接触电或因地面“跨步电压”触电。

第十，洪水退却后，要协助防疫人员做好食品、饮用水卫生和疾病防疫工作。不能食用生冷食物、动物尸体，水在饮用前一定要彻底煮沸。

SOS 洪水中自救选择哪些临时逃生物品

洪水来临时，要选择一切可以自救的物品逃生。

第一，选择体积大的容器，如油桶、水桶等迅速倒出原有液体后，重新将盖拧紧、密封。

第二，可将空的饲料瓶、木酒桶或塑料桶等具有一定浮力的容器捆在一起。

第三，可以抓住树木或桌椅板凳、箱柜等木质家具。

SOS

落水时如何自救

第一，落水后，要屏住气并捏住鼻子，避免呛水，将头露出水面，调整呼吸，及时脱鞋，降低阻力。

水母漂姿势

第二，若水太深，无法站立，又不能迅速游到岸边，就尽量抓住身边漂浮的物体。

第三，若会游泳，就近游向容易登陆的岸边。若不会游泳，不要慌乱，可面朝上，头向后仰，双脚交替向下踩水，手掌拍击水面，让嘴露出水面，呼出气后立即使劲吸气。同时迅速观察四周，向露出水面的固定物体靠拢。

第四，浪高水急、只身漂浮时，不要胡乱挣扎，要节省体力，及时躲避漩涡及水中夹带的石块等。

第五，在天然水域游泳遇到水草缠足时，可深吸一口气潜入水中，快速解开水草，然后原路返回岸上。

第六，在水中遇上漩涡时，应以最快速度沿着切线方向游离漩涡中心。万一被卷入水下，也要在卷入前深吸一口气，在水下寻找生存的机会。

第七，要保持“HELP”姿势，这可以最大限度地减少身体表面暴露在冷水中，减慢体热散失速度；能使头部、颈部尽量露出水面，以保持视野和避免伤害。正确的“HELP”姿势是：将两腿弯曲，尽量收拢于小腹下，两肘紧贴身旁夹紧，两臂交叉抱紧在救生衣胸前，仅有头部露出水面。

落水者正确的“HELP”姿势

第八，出现痉挛（抽筋）现象时千万不要慌张，可改变原来的游泳姿势，然后深吸一口气，将头向前弯入水中，四肢放松下垂，慢慢用力按摩痉挛部位。另外，还可以在水中尽力拉伸痉挛部位，从而使痉挛部位得到缓解。

SOS 在水中抽筋了该怎么办

第一，一定要保持镇静，停止游动，先吸一口气，仰面浮于水上，并根据抽筋的不同部位采取不同方法进行自救。

第二，若因水温过低或疲劳而导致小腿抽筋，则可使身体成仰卧姿势。用手握住抽筋腿的脚趾，用力向上拉，使抽筋腿伸直，并用另一腿踩水、另一手划水，帮助身体上浮，这样连续多次即可恢复正常。上岸后用中指、食指尖掐承山穴或委中穴，进行按摩放松。

第三，如果是大腿抽筋，可同样采用拉长抽筋肌肉的办法解决。

第四，两手抽筋时，应迅速握紧拳头，再用力伸直，反复多次，直至复原。如单手抽筋，除做上述动作外，还可按摩合谷穴、内关穴、外关穴。

SOS 被洪水困在建筑物内该怎么办

第一，要注意房屋是否有被浸泡后倒塌的可能，如可能发生倒塌，应立即向安全处转移。

第二，保管好通信工具，及时与救援部门联系，以取得帮助。

第三，利用焰火、放烟、呼喊及挥动鲜艳衣物等方式求救。

第四，不要在水势汹涌、持续上涨时返回家中取食品或财物。

SOS
车辆被洪水围困该怎么办

第一，刚进入涉水路段时，及时打开中控锁，以防进水后失灵。如能打开车门，则迅速打开车门逃生。

第二，当水位于车门1/3时，车门很容易被推开，可以直接打开车门逃生。但当水位漫及车窗但未高过车窗且车门无法打开时，可从天窗逃生，也可摇下或敲碎车窗玻璃逃生。

用安全锤敲碎车窗逃生

第三，当车辆沉入水中后，车头会先到达水底，空气会积存在车尾，车内人员要逃到车尾，利用尾部的空气维持生命。深吸一口气，打开车门或砸烂车窗逃出。

SOS 暴雨中如何安全驾车

第一，保持良好的视野。打开雨刮器，及时清理雨滴；天气昏暗时，开启近光灯和雾灯、示廓灯；不要降低胎压；如玻璃上有雾气使人的视线受阻，要及时开启空调，吹散雾气；要保持后视镜清晰，打开后视镜加热功能或者加塑料片遮雨。

第二，减速谨慎驾驶。一要降低车速，保持安全车距；二要谨慎驾驶，时刻注意观察路面情况，尤其是遇到行人较多的路段；三要根据路况，及时调整车速，不熟悉的路况更要控制好车速，跟车前行时，对于不熟悉的路面或者难行路段，要沿前车路线小心行驶；四要缓慢跟车，不要盲目超车，确定安全后再超车。在降低车速时，尽量使用二挡或三挡，一定要降速行驶，避免紧急刹车。遇到积水不要左闪右避。转弯时，应当缓踩刹车，以防轮胎抱死而造成车辆侧滑。对于未知水深的路段，要下车巡

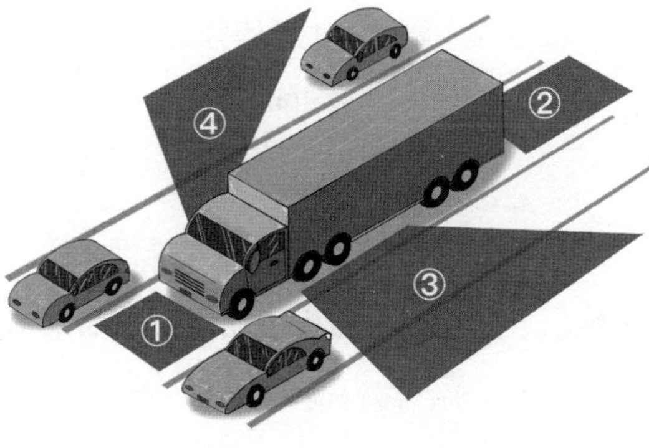

大型车辆的视线盲区

视观察或者等待相关人员排除危险后再通过。

第三，远离大车。要与大型车辆保持较远的车距，不要让大型车辆阻挡自己的前方视线；要注意大型车辆的视线盲区，不要随意超车，远离大型车辆，避免大型车溅起的雨水干扰驾驶；不要盲目跟随，大型车辆能通过的积水路段，小型车辆未必能顺利安全通过。

第四，防止车轮侧滑。要稳住方向盘，不要慌张，双手平衡握住方向盘；车辆保持直线、低速行驶；不要急速转弯，要缓踩刹车；不要急加速，要缓慢加速。

第五，注重涉水技巧。不要贸然涉水，如果遇到积水路面，要先查看积水的深度；要匀速慢行，不要停车，不要高速通过；先换低速挡，缓慢通过，中途不要换挡。如果遇到泥泞路段，必须沿着前车的车辙走。如果涉水深度超过发动机舱盖，要立即熄火停车。

第六，切忌熄火后再次启动车辆。发动机一旦进水熄火，千万不要试图再次启动车辆；要把车辆拖到不妨碍交通的地方，等待拖走；在车内等待救援，不要自己贸然去维修，以免造成更大损失。

第七，要注意观察行人。不要与行人抢行，注意避让；观察行人动态，避免临近致行人惊慌失措而滑倒；如果不方便躲避，应该停车等待；注意积水，缓慢通过，不要溅起水到行人身上。

第八，切勿冒险行驶。雨天出行，安全第一，不要冒险行驶，保证安全。如果雨太大了，就不要冒进行车；选择安全路段或者服务区休息，待雨小后再行车；如果不幸被困在车内，要把座椅头枕拔下来，用两个尖锐的插头敲击侧面玻璃，或将插头插入玻璃和门板之间，将玻璃敲碎，离开车辆。

第九，如果不幸在乡间道路上陷入泥坑，可以挂上一挡或倒挡，并试探性地缓踩油门，当汽车能前行或者后退时，要保持加速踏板位置不变，低速开出泥泞路段。如果车辆无法前后移动，可以在驱动轮前后垫石块、砖头、木板或树枝等，使汽车平稳开出泥坑。

SOS

船舶防汛安全检查该注意哪些事项

第一，开船前要注意检查船舶船员证书是否齐全有效。重点检查船舶的检验证书、最低安全配员证书等证书是否齐全有效，是否按照最低安全配员标准配备合格的船员，船员的适任、特培等证书及记录是否齐全有效，是否人证相符、人岗相适等；检查船员的安全操作技能是否熟练，是否熟悉和有效执行安全生产及防汛应急制度等。

第二，注意检查船舶关键设施设备是否正常可靠。重点检查船舶主副机、舵系（舵机、操舵装置、应急舵等）、锚系设备（锚机、锚和链、系泊绳缆等）、导航和助航设施设备［如甚高频无线电话（VHF）、雷达、测深仪、船舶自动识别系统

（AIS）、灯光信号］、消防和救生设施等关键性设施设备是否按照规定配备、维护并保持良好的使用性能；是否进行船体和设备、管路等日常维修保养；船舶相关应急设备是否设置、摆放规范和使用正常可靠。

第三，注意检查船舶汛前隐患整治是否完成。重点检查船舶是否按照规定开展汛前安全隐患排查自查，船舶防汛度汛的风险管控措施是否制定实施；是否针对船舶关键性设备的完好性和水上交通安全规章制度的执行情况等进行检查；针对防汛隐患严重的船舶和“三无”（无船名船号、无船舶证书、无船籍港）船舶是否按照规定开展专项整治行动，发现的重大安全隐患是否及时整改消除。

第四，注意检查预警信息传递处置是否畅通。重点检查船主和船长、船员是否密切关注并主动收集气象、水文等信息以及海事机构发布的航行通（警）告，是否及时掌握水位、流量、流速大幅变动和航路变更、航标位移等情况；是否保持所配备的VHF、AIS等设备处于正常工作状态；检查船长和值班船员能否通过预留电话等正常渠道接收天气、水情等信息，核查是否及时接收和正确响应预警信息等情况。

第五，注意检查船舶防汛停泊是否安全可靠。重点检查洪水期间船舶停泊是否注意选择恰当的地点（如水流平缓、水势平稳、远离陡岩滑坡区等），是否停靠在当地公布的船舶防汛集中停泊点；是否设有高中水位防洪桩，缆绳的数量、质量、规格和系缆方式等是否规范；停泊值班期间是否注意周围船舶的动态和经常测定船位，是否根据水流、风流等变化及时增加或调整锚、缆设施，防止断缆、走锚等意外情况的发生；船舶（特别是大型船舶）在停泊期间是否留足合格的值班人员，在高洪水期间是否按照值班规则要求保持昼夜值班和正规瞭望，是否及时清理漂浮在船身、车舵和缆绳、锚链上的水草、垃圾等，是否有效管控船舶发生断缆（链）、走锚或扳桩等风险；洪水期间，非船员及船员家属等无关船舶防汛的人员是否随意上船和留船。

第六，注意检查船舶汛期航行作业是否规范。重点检查船舶是否进行开航前自查，船舶驾驶人员是否具备良好的驾驶技术并能正确选择航路，能否正确应对弯曲、急流航段以及桥区水域的水文特性对船舶操纵所带来的影响；是否关注确认过本船最大高度和与不同洪水位下航经水域的桥梁及过江管线净空高度相适应；能否正确操纵船舶应对强横流等不正常水势流态对船舶的影响，有效管控可能造成的冲击倾覆等风险；船员在舱外作业是否按照规定穿戴救生衣；船舶是否严格遵守禁航、限航、限速和减载等通航安全管控措施，在航行作业过程中是否存在冒险航行和违法违规等行为。

第七，注意检查船舶汛期装载配载是否规范。重点检查洪水期船舶装载配载是否平衡，装货堆放垛码是否稳固，载货重心是否过高，易滑动货物是否进行系固绑扎；运砂自卸船在航行中的自卸臂、龙门架、伸缩桅杆等是否固定、平放，运砂船在装载时是否打尖平舱和超载运输等。

第八，注意检查船舶防汛应急准备是否到位。重点检查是否制定落实本船水上应急预案或者遇险应急措施，防汛应急物资是否储备到位，汛前是否开展救生、消防、人员疏散、船舶失控等应急演练；船员是否知晓遇险求救电话以及附近的船舶等救助力量，船员的应急应变能力是否满足要求等。

SOS
汛期船舶航行要注意哪些事项

第一，船舶经过弯曲航道的下方时，要注意不正常水流，下行船舶防止落湾。下行船舶通过狭窄航道，要及早控制航速，防止发生追尾事故。下行船舶禁止淌航，洪水期水流流速大，淌航易造成船舶失控而发生事故。

第二，洪水期水流流速增大，上行船舶可根据航行经过水域水流情况合理配载，严禁超载运输。

第三，船舶在经过水流流速与航道夹角较大的水域时，要谨慎驾驶，不可出角过大，避免发生船舶倒头事故。上行船舶不可过分深入回流区，以防在驶出回流区时造成打张倒头。船舶上水航行须追越他船时，驾驶人员要注意与被追越船保持足够横距，防止发生船吸事故。

第四，船舶要注意洪水期水面漂流的浮木、渣草等，以防浮木打损车叶，渣草堵塞船底阀门。

第五，船舶应配备足够的合格船员。值班人员应注意充分休息，避免疲劳驾驶。非船员及船员家属未经水上专业技能培训，水上求生能力较弱，尽量不要让其随船。

SOS
汛期船舶如何通过桥梁

第一，汛期船碰桥事故多发，船上人员特别是船长、驾驶员应切实关注防范船碰桥事故；船舶通过桥梁水域必须做好充分准备，谨慎驾驶；必要时，船长应上驾驶台指挥操作。

第二，船舶应根据自身情况选择合适的通航桥孔通过，保留足够的富余高度、富余水深，并与桥墩边缘保持足够的安全间距；禁止船舶从有禁航标志的桥孔通过。

第三，船舶开航前，确认全体驾驶员已掌握计划航线通过桥梁通航条件和通过重点桥梁的注意事项，在汛期应特别关注由于河流水位上涨造成通航净高变小的情况，确认本船水线以上高度，对拟通过桥梁必须预留1米以上富余高度。

第四，船舶进入桥梁水域前，应提前观察桥梁水域助航标志、桥涵标志、桥梁倒水尺、水流水位等通航环境情况，必要时派船员在船头瞭望；应注意观察桥梁单位发出的限高、限行等预警信息；对安全通过桥梁没有把握的，应立即停车、倒车，严禁冒险通过桥梁。

第五，船舶通过桥梁通航孔时，应按照桥梁及水域助航标志和警示标志的指引通过；应充分考虑水流、风等因素操纵船舶，保持与通航桥孔桥墩足够的安全距离。

SOS 船舶水上遇险应如何求救

由于水上救助的特殊性，救助力量往往很难第一时间到达现场，为此，必须第一时间发出求救信号。通过一切手段，将遇险的具体情况、时间、地点、遇险性质、所需帮助等和报警求救信号发送出去，一般包括VHF、船舶呼叫系统（DSC）、全球海上遇险与安全系统（GNDSS）卫星通信系统、应急示位标、单边带等船用救生设备。条件允许时，也可以直接用手机拨打水上遇险报警电话：中国海（水）上搜救专用电话12395。

可用于求救的信号工具主要有：发射光、信号筒、防水手电筒、自制信号旗（将布绕在长棒的顶端作信号旗使用）、海上求救灯、铝制尼龙布等。

SOS 船员弃船时该怎么办

第一，及时发现弃船警报信号（一分钟连续鸣笛七短声、一长声），所有在船人员听到警报后要立即穿好救生衣，按各船舱中的紧急疏散图示方向集合弃船。

第二，可利用内梯道、外梯道和舷梯逃生，在机舱的人员可利用尾舱通往甲板的出入口逃生。向船舶前部、尾部和露天甲板疏散，必要时可利用救生绳、救生梯向水中或来救援的船只上逃生，也可穿上救生衣跳进水中逃生。听从指挥依序登救生艇（筏）离船。弃船后，应尽快远离出事船只，因为下沉的船舶容易形成漩涡，把人卷入。

第三，跳水求生前要穿好救生衣，尽量避免从高处入水（最好不超过5米），跳水前要先观察水面，确认无落水者、无障碍物，尽可能选择在上风处，远离船舶的破损缺口处跳水。

SOS
山洪预警该怎么办

村组干部发警报

第一，一旦暴发山洪，监测责任人和第一发现人应立即采取鸣锣、口哨、手摇报警器等预先设定的群众了解的信号，迅速预警。

第二，村组负责人在接到预警信号后，第一时间利用高音喇叭、敲锣、打电话、发短信、微信群发消息等手段向全体村民预警，居民应互帮互助，相互告知，及时转移。

第三，遭遇灾害的村（组）、个人应采用手机、固话等方式迅速向当地政府及防汛部门报告。

第四，居民在任何地点发现有滑坡迹象，应立即向周围人群发出预警信号，发现公路、桥梁等地有危险异常迹象的，应立即设置简单的警戒线，并及时向有关部门汇报，以便及时处理。

SOS 遇到山洪时如何自救互救

第一，保持冷静，尽快向山上或高处，如树上、地基牢固的房顶转移，不能沿着行洪道方向跑，应向沟岸两侧高地快速躲避；人和车辆尽量不要冒险涉水过河。不要边跑边喊，尽可能保存体力。

第二，及时与当地政府防汛部门联系，寻求援助。

第三，如被洪水冲走，尽可能抓住树木、树枝等固定物。

第四，在夜间，可利用手电筒、手机荧光等引起救援人员注意；白天可以利用手表、镜子等可以反光的物品。

SOS 洪水灾后该如何防疫

第一，要做好房屋、水井、垃圾堆、厕所、池塘及居住地周边环境的灭菌消毒。及时清理废弃积水容器等苍蝇、蚊子孳生地；门窗装纱网，及时消灭家中苍蝇、蚊子。

第二，做好临时安置点的卫生防疫工作。加强食堂、水源、厕所的清洁卫生，有效控制污染。加强垃圾、粪便和野生动物、家畜家禽等尸体的收集、转运与处理，高度重视食品和饮用水安全。

第三，手和皮肤的消毒。参与灾后环境清污消毒、动物尸体处理等工作后均应进行手部消毒，可选用有效的手消毒剂搓擦双手，消毒作用时间应不低于1分钟。因长时间洪水浸泡造成皮肤红肿、损伤者应及时就医，也可在就医前暂时用碘伏或其他皮肤消毒剂进行涂抹消毒。

第四，餐（饮）具消毒。餐（饮）具清洗后首选煮沸消毒，煮沸时间应在15分钟以上。也可使用消毒剂进行浸泡消毒，如用含有效氯250～500毫克/升的消毒剂浸泡30分钟后，将餐（饮）具用干净的水冲洗干净。

第五，食品消毒。应及时处理被洪水浸泡过或腐败变质的食品，不食用任何被洪水浸泡过的食品。可蒸煮食品应充分加热后再食用。

第六，生活用品消毒。家具、卫生洁具、办公用品等清污后，用含有效氯500毫克/升的消毒剂冲洗、擦拭或浸泡，作用时间不低于30分钟，或采用200毫克/升二氧化氯、1000毫克/升过氧乙酸、1000毫克/升季铵盐类消毒剂做消毒处理，作用时间为

15～30分钟。消毒后再用干净的水擦拭干净。

第七，垃圾、粪便消毒。对于一般生活垃圾无需进行消毒处理，应做好卫生管理工作，日产日清。含有腐败物品的垃圾喷洒含有效氯5000～10000毫克/升的消毒剂，作用60分钟后进行无害化处理。

第八，动物尸体消毒填埋。对环境清理中清出的新鲜动物尸体应尽快深埋或火化，对已经发臭的动物尸体，可用含有效氯5000～10000毫克/升的消毒剂喷洒尸体及周围环境，去除臭味并消毒，然后再深埋处理或火化。尸体清理后需要对其场所进行消毒处理，可选用含有效氯1000～2000毫克/升的消毒剂喷洒，作用时间为30～60分钟。消毒剂一定要选购正规厂家的产品，使用时，浓度的配制和作用时间，要严格按照产品使用说明操作。

第九，注意安全饮水。饮用符合卫生标准的瓶装水、桶装水，自来水要烧开后再饮用；保护好饮用水源附近的环境卫生；清洗食品或餐具时要用消毒后的水。

第十，搞好个人卫生。一是饭前便后要洗手，不与他人共用毛巾；二是尽量不接触疫水。必须接触疫水时应尽可能做好个人防护，如穿高筒胶鞋、戴乳胶手套、穿防护衣裤等，下水前在将要接触疫水部位涂抹防护药膏，接触疫水后，应当及时进行检查或接受预防性治疗。

SOS
遇到农村干旱如何自救

第一，改善灌溉设施，使用灌溉机械。我国南方多数地区水量充沛，干旱多为工程性缺水，而非资源性缺水。因此，修建山塘、水库、储水窖、支毛斗渠、抗旱井、引山泉水等工程措施，及时清理淤积的农田灌溉管网，使用抽水泵等水力机械或用水车给局部严重干旱、人畜饮水困难的村庄送水等措施对农村抗干旱非常有效。

第二，推广使用农业旱作技术。采取少耕、免耕措施。可采用常规的水稻品种旱育秧、旱移栽、旱管理，全生育期以雨水利用为主，辅以人工灌溉，灌溉不建立水层，渗漏少，需水量很小，整个生育期需水量仅为水种条件下的1/4，对水源不足的高地易旱地区发展水稻生产具有重要意义。

第三，推广使用节水栽培技术。一是采取旱育稀植技术。采用旱育秧，扩行减苗栽植，配套高产栽培，比传统的栽培方式可节水1/2～1/3，省种60%～80%。二是地面覆盖。如用薄膜、秸秆、绿肥等覆盖技术。与常规淹水栽培相比，节水率可达78.3%，单产可增加33.9%。三是使用节水灌溉技术。根据农作物需水规律灌溉，采用“薄、浅、湿、晒”的种植模式，采用喷灌、滴灌等节水灌溉措施。四是施用适量的保水剂、抗蒸腾剂。

第四，用旱稻等抗旱农作物替代水稻等高耗水作物。例如，用旱稻代替水稻，耗水量仅水稻的1/5～1/3，灌水量仅是水稻的1/5。

第五，寻找应急水源。一是可在干枯的河床外弯最低点、沙丘的最低点处挖掘，容易找到地下水。二是根据食草动物经常路过踏出的小径，向地势较低的地方寻找，容易发现水源；还可根据蜜蜂蜂巢和苍蝇活动范围在附近找水。

SOS 遇高温天气该怎么办

第一，尽量不要在烈日下劳动。田间农活以安排在早、晚为宜。

第二，在田间劳动时，应戴上草帽，穿浅色衣服，并在田边准备饮用水和防暑药品。不要在太阳下长时间暴晒，如感到头晕不舒服，应立即停止干活，到阴凉处休息。

第三，不宜在树下或露天睡觉，适当晚睡早起，中午宜增加午睡。

第四，浑身大汗时，不宜立即用冷水洗澡，应先擦干汗水，稍事休息后再用温水洗澡。

第五，要留神蚊、虫咬伤，避免器械碰割伤及开水、滚油烫伤等，预防因气温高、细菌繁殖加剧造成感染。

第六，不吃苍蝇叮咬过的食品，少喝生水，注意饮食卫生。

SOS 如何预防婴幼儿高温中暑

第一，避免衣被过暖、过厚，衣着以宽松、透气、短小为宜。

第二，不宜过多吃冷饮，食物要新鲜、煮透。如出现消化不良，要及时就医。

第三，室内要通风，最好不要睡凉席。

第四，天天洗澡，以免生痱子。

第五，提防烫伤或磕碰。

SOS 产妇如何预防高温中暑

第一，室内要通风，切忌大捂大盖，最好不要睡凉席。

第二，要勤洗澡、勤换衣，衣着以宽大、透气为宜。

第三，不要贪吃过凉的食品。

SOS 高温中暑后如何恢复

第一，立即将中暑者移到通风、阴凉、干燥的地方，如走廊、树阴下。

第二，让中暑者仰卧，解开其衣领，脱去或松开外套。若衣服被汗水湿透应及时更换干衣服，同时开电扇或开空调（应避免直接吹风）尽快散热。

第三，用湿毛巾冷敷头部、腋下及腹股沟等处，有条件的，可用温水擦拭全身。同时，进行皮肤、肌肉按摩，加速血液循环，促进散热。

第四，意识清醒的中暑者或经过降温清醒的中暑者，可以饮服绿豆汤、淡盐水，或服用人丹、十滴水和藿香正气水（胶囊）等解暑。

第五，一旦出现高烧、昏迷抽搐等症状，应让中暑者侧卧，头向后仰，保持呼吸道通畅。同时，立即拨打120急救电话，请医务人员紧急救治。

中暑急救措施

SOS
遇冰雹天气该怎么办

第一，关好门窗，妥善安置好易受冰雹影响的室外物品。

冰雹天气防御

第二，切勿随意外出，确保老人、小孩留在家中。

第三，农村幼儿园、学校的学生应待在教室内，暂停户外活动。

第四，田间劳动要停止，立即找地方暂避。

第五，户外人员不要在电线杆、大树底下躲避冰雹。

第六，可把木板或盆、筐等器具顶在头上，以防止被冰雹砸伤。

第七，在做好防雹准备的同时，也要做好防雷的准备。

第八，将家禽、牲畜等赶到有顶棚的安全场所。

SOS
冰雹灾后农作物如何补救

对处于拔节期前后的作物如玉米、水稻等，即使叶片被全部打烂，只要生长点未被破坏，一般不要轻易毁种，应重点加强田间管理，使作物恢复正常生长。采取的主要措施有：一是雹灾过后，地面板结，应及时划锄、松土，疏松土壤，促叶早发，增强植株恢复。二是灾后不要人为对植株绑扶，让植株自行恢复。人为绑扶易造成更大伤害，可以及时剪去枯叶和受损严重烂叶，以促进新叶生长。三是灾后及时追肥（亩追尿素7～10千克），对叶片受损较轻的或者新叶片出现后要及时对叶面喷施磷酸二氢钾，这对植株恢复生长具有明显的促进作用，并提高抗病虫害能力。四是对雹灾过后出现缺苗断垄的地块，可选择健壮大苗带土移栽，移栽后及时浇水和对叶面喷施磷酸二氢钾，以促进缓苗。

对于西红柿、茄子、黄瓜等蔬菜及马铃薯等经济类作物的补救措施：一是对受灾严重，造成绝产、绝收的地块要及时改种适应节令的作物；二是对叶片没有全部打坏，损失程度较轻的可加强中耕管理，促进植株恢复生长和再生侧枝继续生长；三是因雹灾造成的植株伤口易染病菌，要及时对叶面喷施磷酸二氢钾，并配合喷施阿维菌素等农药，做好病虫害防治。

SOS
室内如何防雷电

第一，要关好门窗，并尽量远离门窗、阳台和外墙壁。

第二，不要靠近、更不要触摸室内任何金属管线，包括天线、水管、暖气管、煤气管、铁丝网、金属窗、建筑物外墙等。远离带电设备，不要赤脚站在泥地和水泥地上。

第三，最好不要使用任何家用电器，包括电视机、电脑、电

室内防雷电要点

话、电冰箱、洗衣机、微波炉等。要把家用电器的电源切断，拔下所有电源插头，不要接打固定电话。

第四，雷雨天气时，不要使用喷头及太阳能热水器洗澡。

第五，发生雷击火灾时，要赶快切断电源，不要带电泼水救火，要使用干粉灭火器等专用灭火器灭火，并迅速拨打119或110电话报警。

SOS 室外如何防雷电

第一，立即寻找避雷场所，可选择装有避雷针、钢架或钢筋混凝土的建筑物等处所，注意不要靠近防雷装置的任何部分。若找不到合适的避雷场所，可以蹲下，两脚并拢，双手抱膝，尽量降低身体重心，减少人体与地面的接触面积，手放膝上，身体向

室外防雷电要点

野外防雷电要点

前屈。

第二，不要待在露天游泳池、开阔的水域或小船上。不要停留在树林的边缘，不要待在树木、电线杆、旗杆、干草堆、帐篷等没有防雷装置的物体附近，不要停留在铁轨、水管、煤气管、电力设备、拖拉机、摩托车等外露金属物体旁边，不要靠近孤立的大树或烟囱（山顶孤立的大树边尤其危险），不要躲进空旷地带孤零零的棚屋、岗亭里。

第三，不宜在旷野中打伞或高举羽毛球拍、高尔夫球杆、锄头等，应立即停止打高尔夫球、踢足球、攀登、钓鱼、游泳等户外活动。

第四，要避免开摩托车、骑自行车，更不能开摩托车、骑自行车在雷雨中狂奔，人在汽车里要关好车门窗。

第五，多人一起在野外时，应相互拉开几米距离，不要挤在一起。不要赤脚行走或避雨，要穿上鞋子，或者在脚底垫上塑料、绝缘体等。

第六，高压电线遭雷击落地时，近旁的人要保持高度警觉，当心地面"跨步电压"的电击。逃离时的正确方法是：双脚并拢，跳着离开危险地带。

第七，身处空旷地带宜关闭手机，不宜把锄头等金属工具扛在肩上。

第八，立即停止水上作业，尽快离开水面。

SOS

被雷电击伤如何抢救

第一，如果遭受了雷击，衣服着火，可往伤者身上泼水，或者用厚外衣、毯子把伤者裹住，以扑灭火焰。

第二，受雷击而烧伤或严重休克的伤者身体是不带电的，抢救时不要有顾虑。应该迅速扑灭伤者身上的火，实施紧急抢救。

第三，若伤者失去知觉，但有呼吸和心跳，则有可能自行恢复。应该让伤者舒展平卧，安静休息后再送医院治疗。

第四，若伤者已经停止呼吸和心跳，应迅速果断地交替进行口对口人工呼吸和心脏按压，待恢复心跳和呼吸后再处理烧伤部位，用冷水冷却伤处，然后盖上敷料，用清洁的布包好后，及时送往医院抢救。

SOS 遇到雪灾该怎么办

第一，注意防寒保暖，老、弱、病、幼人群不要外出。

第二，出门走路不要穿硬底或光滑底鞋，骑车人可适当给轮胎放气。

第三，关好门窗，紧固室外搭建物。

第四，危房旧房屋遇暴风雪时人员应迅速撤出。

第五，采用煤炉取暖的家庭要提防煤气中毒。

SOS 冬季如何预防禽畜冻伤

冬天，长期在寒冷潮湿的环境中饲养的禽畜，如果保暖不善，常会导致尾巴、四肢、耳朵、乳房等末梢部位发生冻伤，尤以老、瘦、弱的禽畜易发生。应采取以下措施：一是对禽畜补喂精料保膘；二是及时清理栏圈内粪尿，勤换、勤晒褥草，保持舍内清洁、干净、温暖；三是预防寒风进入禽畜舍，加装门窗屋顶并采取保暖措施。

SOS
如何预防农业雪灾

第一，要及早采取有效防冻措施，抵御强低温对越冬作物的侵袭，特别是要防止持续低温对旺苗、弱苗的危害。

第二，加强对大棚蔬菜和在地越冬蔬菜的管理，防止连阴雨雪、低温天气的危害，雪后应及时清除大棚上的积雪。这样既可以减轻塑料薄膜的压力，又有利于增温透光。同时，要加强各类冬季蔬菜瓜果的储存管理。

第三，要趁雨雪间隙及时做好“三沟”的清理工作，降湿排涝，以防连阴雨雪天气造成田间长期积水，影响蔬菜根系生长发育。要加强田间管理，中耕松土，铲除杂草，提高其抗寒能力。要做好病虫害的防治工作。

第四，及时给蔬菜盖土，提高御寒能力，若能用猪牛粪等有机肥覆盖，保苗越冬效果更好。

第五，要做好大棚的防风加固，并注意棚内的保温、增温，减少蔬菜病害的发生。

第六，雪后清晨温度最低时，可以在温室内点燃一些蜡烛提升温度，这一措施虽然对室内温度影响不是很大，却能在关键时候显著减轻喜温作物（瓜类、茄果类）的冷害程度。另外，点燃蜡烛还可以补充一部分光照。

SOS 老弱病人如何防范低温冷害

第一，当气温骤降时，要注意添衣保暖，特别要注意手、脸（口与鼻部）的保暖。

第二，老弱病人特别是心血管病患者、哮喘病患者等对气温变化敏感的人群，尽量不要外出。

第三，注意休息，不要过度疲劳。

第四，室内采取必要的供暖措施，如安装暖风机、电暖气、火炉、火炕、火墙、地暖等。

第五，提防煤气中毒，尤其是采用煤炉取暖的人群更要提防。

SOS 如何进行冻伤预防及处置

第一，迅速让伤者离开低温现场和冰冻物体，将伤者移至室内。

第二，如果衣服与人体冻在一起，应用温水融化后再脱去衣服，切记不要用热水。

第三，保持冻疮部位清洁，外涂冻伤膏。冻伤部位千万不要用热水泡或用火烤。

第四，加盖衣物、毛毯以保温。

第五，尽快送医。

SOS
遇到霜冻该怎么办

第一，注意添衣保暖，尤其要做好老弱病幼的防寒，避免冻伤。

第二，老弱病人尽量不要外出。

第三，出门前要做好保暖、防滑措施，骑车当心路滑跌倒。

第四，驾车要采取防滑措施，小心驾驶。

第五，提防煤气中毒，尤其是采用煤炉取暖的人群。

SOS
冬季煤气中毒如何急救

煤气中毒病人急救

如果有人出现了煤气中毒症状，不要手忙脚乱，可采取以下急救措施：一是尽快把中毒者抬到通气处。二是让中毒者安静休息，并注意保暖。三是对昏迷不醒的严重中毒者，应在通知急救中心后就地进行抢救，及时进行体外心脏按压和人工呼吸。若中毒者嘴里有异物，应先取出。四是尽快尽早对中毒者进行高压氧舱治疗，以减轻后遗症。

二　地质灾害遇险自救

SOS
遇到地震如何应急避险逃生

第一，在平房，应迅速头顶保护物向室外跑，同时关火关电，防止火灾。来不及的可躲在桌下、床下及坚固家具旁，避开吊灯、电扇等悬挂物。

在楼房，应暂避到厨房、洗手间等跨度小的空间，或承重墙根、墙角等易形成三角的空间处，远离外墙、门窗，不要使用电梯，更不能跳楼。

第二，躲避时身体应采取的姿势是：蹲下或坐下，尽量蜷曲身体，降低身体重心，额头枕在大腿上，双手保护头部。如果有条件，还应该拿软性物品护住头部，用湿毛巾捂住口鼻。

第三，在学校、商店、影剧院等公共场所，应迅速抱头、闭眼，在课桌、椅子或坚固物下躲避，待地震过后有序撤离，切勿乱跑。

第四，在街上，应抱头迅速跑到空旷地蹲下，避开高楼、立交桥，远离高压线、变压器、电线杆、广告牌、高烟囱及各类建筑物、构筑物。

第五，在郊外，尽量避开山脚、陡崖，防止滚石、滑坡、山崩等。

第六，驾车行驶时，应迅速避开立交桥、陡崖、电线杆等，尽快选择空旷处停车。

第七，如果被废墟埋压，要尽量保持冷静，设法自救：一是尽量用湿毛巾、衣物或其他布料捂住口、鼻，防止灰尘呛闷导致窒息；二是尽量活动手脚，清除脸上的灰土和压在身上的物件；三是用周围可以挪动的物品支撑身体上方的重物，避免进一步塌落；四是扩大活动空间，保持足够的空气；五是无法脱险时，要保存体力，耐心等待救援，不要盲目大声呼救。当听到附近有人活动时，要用砖或硬物敲打墙壁、铁管等，向外界传递信号。

第八，避险时注意近水不近火，靠外墙，不靠内墙；已经脱险的人员，震后不要急于回屋，以防余震。

SOS 遇到地震如何自救

第一，保持镇静。乱喊乱叫会加速人体新陈代谢，增加氧气

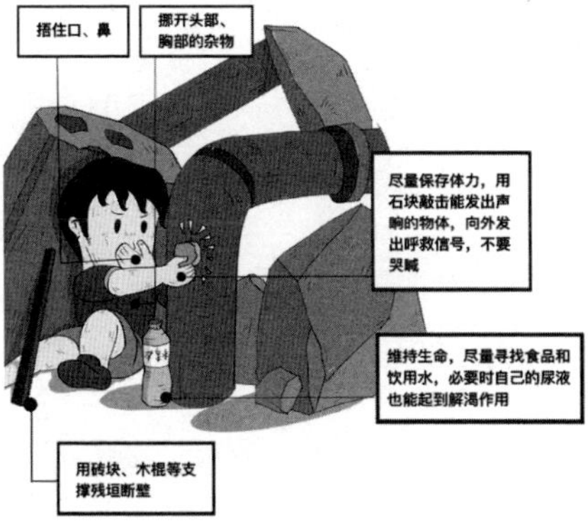

震后自救措施

的消耗，使体力下降，耐受力降低；也会吸入大量烟尘，易造成窒息。正确做法是：在任何的恶劣环境中，始终要保持镇静，分析所处环境，寻找出路，等待救援。

第二，止血、固定。砸伤和挤压伤是地震中常见的伤害。开放性创伤、外出血应首先止血抬高患肢，同时呼救。对开放性骨折，不应作现场复位，以防止组织再度受伤，一般用清洁纱布覆盖创面，作简单固定后再进行运转。不同部位骨折，应按不同要求进行固定。参照不同伤势、伤情进行分类、分级，送医进一步处理。

第三，妥善处理伤口。遇挤压伤时，应设法尽快解除重压；遇到大面积创伤者，要保持创面清洁，用干净纱布包扎创面；怀疑有破伤风和产气杆菌感染时，应立即与医院联系，及时诊断和治疗。对大面积创伤和严重创伤者，可口服糖盐水，预防发生休克。

第四，防止火灾。地震常引起许多“次生灾害”，火灾就是常见的一种。在大火中应尽快脱离火灾现场，脱下燃烧的衣帽，或用湿衣服覆盖身上，或卧地打滚，也可用水直接浇泼灭火。切忌用双手扑打火苗，会引起双手烧伤。用消毒纱布或清洁布料包扎后送医院进一步处理。

第五，要预防破伤风和气性坏疽，并且要尽早深埋尸体，注意饮食饮水卫生，防止大灾后的大疫。

SOS 遇到地震如何互救

震后互救

第一，根据房屋居住情况，以及家庭、邻里人员提供的信息判断，采取看、喊、听等方法寻找被埋压者。

第二，采用锹、镐、撬杠等工具，结合手扒方法挖掘被埋压者。

第三，在挖掘过程中，应首先找到被埋压者的头部，清理口腔、呼吸道异物，并依次按胸、腹、腰、腿的顺序将被埋压者挖出。

第四，如被埋压者伤势严重，施救者不得强拉硬拖，应设法使被埋压者全身暴露出来，查明伤情，采取包扎固定或其他急救措施。

第五，对暂时无力救出的伤员，要使废墟下面的空间保持通风，递送食品，等待时机再进行营救。

第六，对挖掘出的伤员进行心肺复苏、包扎、止血、镇痛等急救措施后，迅速送往医院。

SOS
如何给农村房屋安全选址

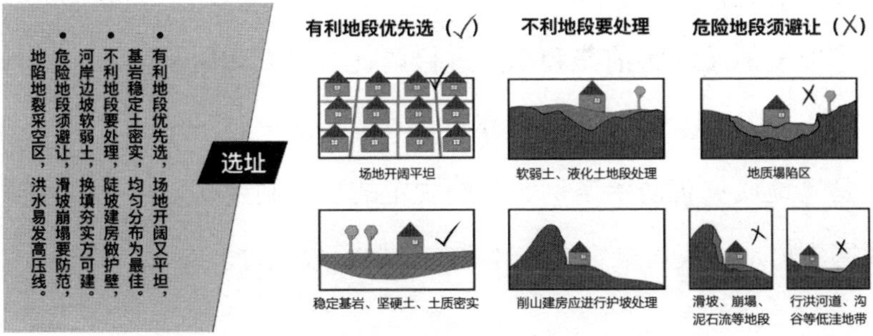

农村自建房选址安全常识

第一，农房选址不应选择在陡峭的坡地或山体旁边，避免滑坡、塌方、山上落石。

第二，农房选址不应选择在地势低洼的河沟旁边，避免大暴雨水位高涨被水淹。

第三，农房选址不应选择在两山之间相交最低处，避免大暴雨时发生泥石流。

第四，农房选址不应选择在道路转弯处，尤其是房屋不能低于路面，以避免发生车祸。

第五，农房选址不应选择在小河沟边。

SOS 如何进行地质灾害群测群防

地质灾害群测群防是指地质灾害易发区的县、镇（乡）两级人民政府和村（居）民委员会，组织辖区内的企事业单位和广大人民群众，在自然资源主管部门和相关专业技术单位的指导下，通过开展宣传培训、建立防灾制度等手段，对崩塌、滑坡、泥石流等突发地质灾害前兆和动态进行调查、巡查和简易监测，实现对灾害的及时发现、快速预警和有效避让的一种主动减灾措施。这是《地质灾害防治条例》明确规定的法定制度，已成为现阶段我国农村地质灾害减灾防灾体系的重要组成部分。

SOS 农村基础建设中如何保护地质环境

第一，禁止乱挖乱填。保留一定的地形起伏，不仅可以有效保护地质生态环境，保留泥石流等的行洪通道，还可以使建筑物错落有致，在一定程度上提高了农村的品位。过度追求场地的绝对平整，不仅会增加建设费用，而且因之形成的挖、填方边坡还可能成为滑坡隐患。填方厚度较大时，还可能导致地面和建筑物基础不均匀沉降问题。南方不少农村经常在植被茂密但岩层风化强烈的斜坡地段开挖，形成圈椅状边坡围成的场地，而又不能采取必要的支护。暴雨时，极易遭受滑坡灾害。

第二，防止人为改变河道路径。天然河道是在一定历史时期内，经由内外地质动力综合作用的结果，或弯或直因循的是自然规律。未经专业人员科学合理地论证，都不宜大兴土木人为地改变河道的自然状态。山水相依才是适合人居的自然环境，自然山水功能用人造山水功能无法替代，优美的自然环境可遇而不可“造”。

第三，防止随意兴建池塘。在村镇建设中，为了生活、生产用水的需要，常常新建不少池塘，也美化了乡村景色。但由于未经过合理的选址和设计，这些池塘往往建设在滑坡体或不稳定的斜坡上。当滑坡体或不稳定斜坡发生变形拉裂时，池塘的水体极易渗入，加剧滑坡的形成，带来严重的地质灾害。因此，应该合理地选择池塘的位置，特别是位于房屋后部斜坡上的更应该注意，同时也要控制池塘的规模。

第四，防范基础设施建设诱发地质灾害。在许多新农村的规划建设中，往往对房屋建筑设施较重视，但对生活废水和雨水的排放设施重视不够，常年不断地入渗水源，致使坡体稳定性大大降低，地面裂缝增加增大；乡村的排水设施，特别是位于后山的拦山堰等地基处理较差，很快被拉裂破坏，暴雨时不仅发挥不了排水的作用，反而导致汇集地表水渗入坡内的恶果；场平或道路切坡后，未能对边坡合理加固，继而引发较大范围的滑动。

第五，不要随意选择绿化植物。大量事例证实，当斜坡较陡、表层土体松软时，过密的植被、过高的乔木反而更易引起表层滑坡。我国农村地区称之为“鬼剃头”，香港地区称之为“山泥倾泻”；国外称之为“碎屑流”“泥流”“泻流”等。后山绿化是防治坡面泥石流的一种好方式，但是要常常查看后山植被物变形形状，如“马刀树”“醉汉林”等表示斜坡不稳定。在台风多发区，房屋后面斜坡一定范围内最好不要种植茂密的竹林或高大乔木，“树大招风”，树木迎风摆动时会加剧土体的松动和促进水体的入渗，导致山坡稳定性下降，甚至诱发滑坡灾害。

SOS

如何确保滑坡体作为建设用地时的安全

第一，不可在滑坡前缘随意开挖坡脚。在滑坡体上修房、筑路、场地整平、挖砂采石和取土等活动中，不能随意开挖滑坡体坡脚。如果必须开挖且挖方规模较大时，应事先由相关专业部门制定开挖施工方案，并经过专业技术论证和主管部门批准，方能开挖。坡脚开挖后，应根据施工方案和开挖后的实际情况对边坡进行及时支挡。

第二，不得随意在滑坡后缘堆弃土石。对岩土工程活动中形成的废石、废土，不能随意顺坡堆放，特别是不能堆砌在乡镇上方的斜坡地段。当废弃土石量较大时，必须设置专门的弃土场。最好的办法是把废弃土石从环境负担变为可用资源，在整地、造田、修路等需要填土的工程中加以充分利用。

第三，管理好引排水沟渠和蓄水池塘。在滑坡上部布置的引水系统最好采用管道输水，避免渠道开挖渠水入渗引发山坡失稳，管道一旦发生漏水，也比较容易监控。生产、生活废水排放系统要保证安全、有效，避免堵塞沟渠、污水渗漏和冲蚀或渗入滑坡体。

另外，山坡低凹处降雨形成的积水应及时排干。否则，当坡体变形时极易引发池塘拉裂，导致地表水入渗滑坡体内，加剧变形破坏。

第四，注意控制滑坡体上的建筑密度。古滑坡体在自然状态下具有一定的地质环境容量，随意扩大建筑规模，将有可能超过古滑坡体有限的载重量，导致其稳定性降低，引发局部甚至整体的滑动，造成严重损失。在滑坡体上规划新村镇时，必须按照国家规定的建设用地（工程）地质灾害危险性评估程序和工程建设勘察设计程序，请专业队伍进行专门的地质工作，并报请政府部门审批。

SOS
泥石流堆积区作为建设用地时要如何保证安全

第一，注意访问和实地调查泥石流发生史。泥石流堆积区地势平坦，地质结构松散，水源丰富，因而植被茂密，往往泥石流发生一段时间后，迹象模糊，致使后人又盲目地在该区修建房屋，在特大暴雨时，酿成新的灾难。因此，在进行村镇建设时，应该请专业技术人员进行实地调查和访问当地老人，了解泥石流的复发和成灾风险。

第二，注意改善生态环境。泥石流的产生和活动程度与生态环境质量关系密切。生态环境好的区域，泥石流发生的频度低、影响范围小；生态环境差的区域，泥石流发生的频度高、危害范围大。在沟谷中上游提高植被覆盖率，可以明显抑制泥石流的形成；在沟谷下游或乡镇附近营造一定规模的防护林，可以为免受泥石流危害提供安全屏障。

第三，避免在冲沟内排放垃圾。在冲沟中堆放垃圾将增加泥石流固体物源，加剧泥石流危害。乡镇人口密度大，产生的生活、生产垃圾多，把垃圾随意堆积在沟谷中不仅影响新农村环境景观、污染新农村的水环境，更严重的是增加了产生泥石流和加重泥石流危害的风险。制定科学的垃圾处置方案并在建设过程中同步实施，是衡量新农村规划建设水平的重要指标。

第四，控制房屋建设规模，禁止挤占行洪通道。泥石流堆积区往往地势平坦，常被用作房屋建设用地。应当控制建设规模，特别是在行洪通道或边缘，应该严格禁止修建房屋。当堆积区被用作建设场地时，应沿两侧地势较低处修建新的行洪通道，避免泥石流直接冲入。

泥石流的搬运规律非常复杂，西南山区常常可见冲出的巨石达数十米长，体积达数百立方米，其冲击力非常巨大。因此，当沟谷中物源丰富、巨石嶙嶙、坡降较大时，堆积区最好不作为房屋建设用地。

SOS

山区如何防范泥石流

第一，重视培养灾害的防范意识。居住在山区的居民在思想上应重视泥石流的危害，了解泥石流发生的季节、区域及防治措施。在泥石流容易发生的凹形坡、阴面斜坡和山脚等区域，要禁止建房，放弃农耕，植树造林，避免水土流失。在支沟下游垫地，要构筑坚固、安全的坝阶，以拦截泥石流下冲，并留出足够的行洪通道。要加强山区暴雨的监测预报，注意收听警报，若每小时的降雨量达到50毫米时，要动员群众撤离险区。一旦发现山体滑坡、泥石流等地质灾害征兆时，不要迟疑，尽早撤离危险区，并及时报告有关部门，使周围居民能及时撤离。

第二，缩短山区逗留时间。下雨天在沟谷中耕作、放牧时，不要在沟谷底部长时间停留。人员沿山谷徒步行走时，一旦遭遇大雨，要迅速转移到安全的高地，不要在山谷过多停留。同时注意观察四周环境，特别留意是否听到远处山谷传来打雷般声响，如听到要提高警惕，这很可能是泥石流将至的征兆。发生泥石流后，要马上向与泥石流运动成垂直方向两边的山坡上面爬，爬得越高越好，跑得越快越好，绝对不能顺泥石流下游方向逃生。

山区降雨普遍具有局地性特点，经常是沟谷下游还是晴天，沟谷的上游却在下暴雨。因此，即使在雨季的晴天，同样也要提防泥石流灾害。另外，要尽量养成每天收听（看）天气预报的习惯，这样也利于更好地做好滑坡、泥石流等气象地质灾害防范。

第三，房屋不要建在沟口和沟道上。受自然条件限制，很多村庄建在山麓扇形地上。山麓扇形地是历史泥石流活动的见证，从长远来看，绝大多数沟谷都有发生泥石流的可能。因此，在村庄选址和规划建设过程中，房屋不能占据泄水沟道，也不宜离沟岸过近；已经占据沟道的房屋应迁移到安全地带。在沟道两侧修筑防护堤和营造防护林，可以避免或减轻因泥石流溢出沟槽对两岸居民造成的伤害。

SOS
遇到泥石流时如何应急逃生

第一，在山谷中一旦遇到强降雨发生泥石流的时候，不要惊慌，不要顺着泥石流的方向逃生。这时要果断判断出安全路径逃生，路径要与泥石流运动成垂直方向的两边山坡上爬，爬得越高越好，跑得越快越好，绝对不能往泥石流的下游走。

第二，如果出门旅游沿山谷徒步时遭遇大雨，要迅速转移到安全的高地，不要在谷底过多停留。注意观察周围环境，特别留意是否听到远处山谷传来打雷般声响，如听到要提高警惕，这很

泥石流应急逃生方向

可能是泥石流将至的征兆。

要选择平整的高地作为营地，尽可能避开有滚石和大量堆积物的山坡下面，不要在山谷和河沟底部扎营。遇到泥石流的时候要立即丢弃身上背着的沉重旅行装备及行李等，选择安全路径逃生，但是通信工具不能丢弃，以便与外界联系求助。

第三，在遇到泥石流时不要往地势空旷、树木生长稀疏的地方逃生，可以就近选择树木生长密集的地带逃生，因为密集的树木可以有效阻挡泥石流的前进。

第四，遇到泥石流时千万不要选择在陡峭的山坡下面或者是爬树上躲避，可以选择到平整安全的高地进行躲避，以免泥石流压塌冲倒山坡和树木而受到伤害。

第五，如果在遇到强降雨出现泥石流的时候不要往土层较厚的地带逃生，要往地质坚硬、不易被雨水冲毁的、没有碎石的岩石地带逃生。

第六，乘汽车或火车遇到泥石流时，应果断弃车逃生，躲在车上容易被掩埋在车厢里窒息而死。

第七，过去许多人“爱财不要命”，因收拾细软而被泥石流吞噬的事例数不胜数。有可能的话，逃出时多带些衣物和食品。由于滑坡区交通不便，救援困难，泥石流过后大多是阴冷的天气，要防止饥饿和冻伤。

第八，不要以为刚发生过泥石流的地区比较安全，有时泥石流会间歇发生，如果正驾车穿越刚发生泥石流的地区，一定要当心路上的杂物，最好绕道找一条安全的路线。

SOS

遇到山体滑坡时如何自救

第一，当处在滑坡体上时，首先应保持冷静，不能慌乱。要迅速环顾四周，向较安全的地段撤离。一般除高速滑坡外，只要行动迅速，都有可能逃离危险区域。跑离时，向两侧跑为最佳方向。在向下滑动的山坡中，向上或向下跑都很危险。当遇到无法跑离的高速滑坡时，更不能慌乱，在一定条件下，如滑坡呈整体滑动时，原地不动或抱住大树等物，不失为一种有效的自救措施。

第二，当处于非滑坡区而发现有可疑的滑坡活动时，应立即报告邻近的村、乡、县等当地政府或单位。如群测群防站或县、市、地区及省政府自然资源部门。该部门责无旁贷，应立即组织有关部门、单位、部队、专家及当地群众参加抢险救灾活动。

第三，政府部门应立即实施应急措施（或预案），迅速组织群众撤离危险区及可能的影响区。并通知邻近的河谷、山沟中的群众做好撤离准备，密切关注灾情变化。如滑坡常在暴雨、洪水中转化为泥石流灾害（即次生灾害）。注意因滑坡可能威胁到某些生命线工程（如水库、干线铁路、干线公路、发电厂、通讯设备、干线渠道等）引发次生灾害或第三次灾害，如火灾、洪水等。

第四，遇到山体崩滑时，可躲避在结实的遮蔽物下，或蹲在地坎、地沟里。

第五，应注意保护好头部，可利用身边的衣物裹住头部。

第六，禁止顺着滚石方向往山下跑。

SOS

遇到地质灾害时如何避险

第一，不要立即进入灾害区搜寻财物，以免再次发生滑坡、崩塌。当滑坡、崩塌发生后，后山斜坡并未立即稳定下来，仍可能不时发生崩塌、滑坡，甚至还会继续发生较大规模的崩塌、滑坡。因此，不要立即进入灾害区去挖掘和搜寻财物。

第二，立即派人将灾情报告当地政府。偏远山区地质灾害发生后，道路、通信毁坏，无法与外界沟通。应该尽快派人将灾情向政府报告，以便尽快开展救援。

第三，迅速组织村民查看是否还有滑坡、崩塌发生的危险。灾害发生后，在专业队伍到达之前，应该迅速组织力量巡查滑坡、崩塌斜坡区和周围是否还存在较大的危岩体和滑坡隐患，并迅速划定危险区，禁止人员进入。

第四，查看天气，收听广播，收看电视，关注是否还有暴雨。根据积累的经验，并注意收听广播、收看电视，了解近期是否还有发生暴雨的可能。如果还有暴雨发生，应该尽快对临时居住区进行巡查，制定防灾应急预案，指定专门人员时刻监视斜坡和沟谷情况，避免新的灾害发生。

第五，有组织地搜寻附近受伤和被困的人员。撤离灾害地段后，要迅速清点人员，了解伤亡情况。对于失踪人员要尽快组织查找搜寻。

SOS

遇到滑坡、崩塌时如何应急抢险处置

第一，开挖排水和截水沟将地表水引出危险区。当滑坡、崩塌体尚未稳定，或者后山斜坡仍存在滑动、崩落危险时，可以根据现场情况，迅速开挖排水或截水沟渠，将流入危险区内的地表雨水堵截在外或将滑坡、崩塌区内的地表水体引出区外。

在未稳定的滑坡、崩塌堆积体上修砌排水沟渠时，注意基础的稳定情况，还需采取夯实、铺填塑料布等防渗措施。否则，反而会将地表水引入滑坡体中，加剧滑坡的变形滑动。

第二，及时封堵裂隙防止地表水的直接渗入。滑坡后缘出现裂缝时，应及时进行回填或封堵处理，防止雨水沿裂隙渗入滑坡内。可以利用塑料布直接铺盖，或者利用泥土回填封闭，也可利用混凝土预制盖板遮盖。

第三，利用重物反压坡脚减缓滑坡的滑动。当山坡前缘出现地面鼓起和推挤时，表明滑坡即将滑动。这时应该尽快在前缘堆积砂石压脚，抑制滑坡的继续发展，为财产转移和滑坡的综合治理赢得时间。

第四，在后缘实施简易的减载工程。当滑坡仍在变形滑动时，可以在滑坡后缘拆除危房，清除部分土石，以减轻滑坡的下滑力，提高整体稳定性。清除的土石可堆放于滑坡前缘，达到压脚的效果。

SOS
遇到地质灾害时如何自救

第一，能识灾。积极主动参加各级政府部门组织的地质灾害防灾知识宣传培训，多渠道学习掌握常见地质灾害基础知识，平常要勤于观察周边的地质环境。当发现地质灾害隐患苗头和灾前征兆或者灾情、险情发生后，应及时报告当地政府，同时立即通知危险区的人员撤离到安全的地方。

第二，能防灾。关注身边地质环境的异常变化，收听、收看暴雨天气预报。平常要积极参加防灾知识学习和地质灾害应急演练，熟悉防灾预警信号、避险撤离路线和安全避险场所地点，学会如何正确逃生与自救。

第三，能避灾。雨季、夜间要提高警惕，保持警觉，身边常备电筒、雨衣等逃生用品，在察觉险情时，能第一时间快速跑离危险区自救自保。同时要听从政府指挥，撤离后不要擅自进入危险区，避免再次发生灾害。

三　意外伤害遇险自救

SOS
中小学生游泳时要如何确保安全

第一，不私自下水游泳。

第二，不擅自与他人结伴游泳。

第三，不在无家长或教师带领的情况下游泳。

第四，不到无安全设施、无救援人员的水域游泳。

第五，不到不熟悉的水域游泳。

第六，不熟悉水性者不擅自下水施救。

第七，下水时切勿太饿、太饱。饭后一小时才能下水，以免抽筋。

第八，下水前试试水温，若水太冷，就不要下水。

第九，若在江、河、湖、海游泳，必须有人陪伴，不可单独游泳。

第十，下水前注意观察游泳水域的环境，若有危险警告，则不能在此游泳。

第十一，不要在地理环境不清楚的峡谷游泳，这些地方的水深浅不一，而且凉，水中还可能有伤人的障碍物，很不安全。

第十二，跳水前一定要确保此处水深至少有3米，并且水下没有杂草、岩石或其他障碍物。以脚先入水较为安全。

第十三，在海中游泳，要沿着海岸线平行方向而游，游泳技术不精良或体力不充沛者，不要涉水至深处。在海岸做一标记，时刻留意自己是否被冲出太远，要及时调整方向，确保安全。

SOS
中小学生如何防溺水

第一，不要独自一人外出游泳，更不要到不摸底和不知水情或比较危险且容易发生溺水伤亡事故的地方去游泳。选择好的游泳场所，对场所的环境如水是否卫生，水下是否平坦，有无暗礁、暗流、杂草，水域的深浅等情况要了解清楚。

第二，必须要有组织并在老师或熟悉水性的人的带领下才能去游泳，以便互相照顾。如果集体组织外出游泳，下水前后都要清点人数，并指定救生员做安全保护。

第三，要清楚自己的身体健康状况，平时四肢容易抽筋者不宜参加游泳或不要到深水区游泳。下水前要做好相应的准备，先进行热身运动，如水温太低则应先在浅水处用水淋洗身体，待适应水温后再下水游泳；镶有假牙的学生，应将假牙取下，以防呛水时假牙落入食管或气管。

第四，对自己的水性要有自知之明，下水后不能逞能，不要贸然跳水和潜泳，更不能互相打闹，以免呛水或溺水。

第五，游泳中如果觉得身体不舒服，包括眩晕、恶心、心慌、气短等，要立即上岸休息或呼救。

第六，游泳中若四肢某处突然抽筋，千万不要惊慌。对于手脚抽筋者，若是手指抽筋，则可将手握拳，然后用力张开，迅速反复多做几次，直到抽筋消除为止；若是小腿或脚趾抽筋，先吸一口气仰浮水上，用抽筋肢体对侧的手握住抽筋肢体的脚趾，并用力向身体方向拉，同时用同侧的手掌压在抽筋肢体的膝盖上，帮助抽筋的腿伸直；若是大腿抽筋，可采用同样的方法解决。

第七，在游泳中遇到溺水事故时，现场急救刻不容缓，心肺复苏最为重要。将溺水者救上岸后，要立即清除其口腔、鼻咽腔的呕吐物和泥沙等杂物，使其保持呼吸通畅；应将溺水者的舌头拉出，以免后翻堵塞呼吸道；将溺水者的腹部垫高，使其胸部及头部下垂，或抱其双腿将腹部放在急救者肩部，做走动或跳动“倒水”动作。恢复溺水者呼吸是急救成败的关键，应立即进行人工呼吸，可采取口对口或口对鼻的人工呼吸方式，在急救的同时应迅速送往医院救治。

SOS
溺水如何施救

第一，迅速将人救上岸。最好从背部将落水者头部托起，或从上面拉起其胸部，使其面部露出水面，然后将其拖上岸。

第二，清除口鼻堵塞物。让溺水者头朝下，撬开其牙齿，用手指清除其口腔和鼻腔内杂物。

第三，倒出呼吸道内积水。救人者半跪，顶住溺水者的腹部，让溺水者头朝下，拍其背。

第四，人工呼吸。对呼吸及心跳微弱或心跳刚刚停止的溺水者，迅速进行人工呼吸，同时做胸外心脏按压。

第五，吸氧。现场有医疗条件的，可对溺水者注射强心药物及吸氧。条件不足的，用手按或针刺溺水者的人中等穴位。

第六，脱下外套。如果溺水者身上穿着外套，要尽早脱下，湿漉漉的外套会带走身体热能，产生低温伤害。

SOS
如何预防儿童溺水

第一，不要私自下水游泳，家长时刻看护。

第二，坚持让孩子穿高质量的浮身物。

第三，要求孩子下水前活动身体，避免出现抽筋等现象。

第四，在水中不要喂孩子吃东西，有可能被呛水。

第五，教育孩子不在水中互相嬉闹，防止呛水窒息。

第六，教孩子学习游泳，并学习心肺复苏等技能。

第七，不到不熟悉、无安全设施、无救援人员的水域游泳。

第八，教育孩子在不熟悉水性、水下情况不明时，不要擅自下水施救。

SOS
溺水如何自救

第一，如果呛了水，首先要张大嘴，做深呼吸，哪怕喝上几口水，也一定要张大嘴，而不能用鼻子喘气。

第二，不熟悉水性者自救方法。除呼救外，取仰卧位，头部向后，使鼻部可露出水面呼吸。呼气要浅，吸气要深。因为深吸气时，人体比重降到比水略轻，可浮出水面，此时千万不要将手臂上举乱扑动，这会使身体下沉更快。

第三，水中抽筋自救法。一是游泳时发生抽筋，千万不要惊慌，一定要保持镇静，停止游动，先吸一口气，仰面浮于水面，并根据不同部位采取不同方法进行自救。二是若因水温过低而疲劳产生小腿抽筋，则可使身体成仰卧姿势。用手握住抽筋腿的脚趾，用力向上拉，使抽筋腿伸直，并用另一腿踩水，另一手划水，帮助身体上浮，这样连续多次即可恢复正常。上岸后用中指、食指尖掐承山穴或委中穴，进行按摩。三是如果大腿抽筋，可同样采用拉长抽筋肌肉的办法解决。四是两手抽筋时，应迅速握紧拳头，再用力伸直，反复多次，直至复原。如单手抽筋，除做上述动作外，可按摩合谷穴、内关穴、外关穴。五是上腹部肌肉抽筋时，可掐中脘穴（在脐上四寸），配合掐足三里穴，还可仰卧水里，把双腿向腹壁弯收，再行伸直，重复几次。六是抽过筋后，改用别种游泳姿势游回岸边。如果不得不仍用同一游泳姿势时，就要提防再次抽筋。

第四，水草缠身自救法。一是要镇静，切不可踩水或手脚乱动，否则会使肢体被缠得更难解脱，或在淤泥中越陷越深。二是用仰泳方式（两腿伸直、用手掌倒划水）顺原路慢慢退回。或平卧水面，使两腿分开，用手解脱。三是如随身携带小刀，可把水草割断，或尝试把水草踢开，或像脱袜那样把水草从手脚上捋下来。自己无法摆脱时，应及时呼救。四是摆脱水草后，轻轻踢腿而游，并尽快离开水草丛生的地方。

第五，疲劳过度自救法。一是觉得寒冷或疲劳，应马上游回岸边。如果离岸甚远，或过度疲乏不能立即回岸，就仰浮在水上以保留力气。二是举起一只手，放松身体，让别人营救。不要紧抱着营救者不放。三是如果没有人来，就继续浮在水上，等到体力恢复后再游到岸边。

第六，身陷漩涡自救法。一是有漩涡的地方，一般水面常有垃圾、树叶等杂物在漩涡处打转，只要注意就可早发现，应尽量避免接近。二是如果已经接近，切勿踩水，应立刻平卧水面，沿着漩涡边，用爬泳快速地游过。因为漩涡边缘处吸引力较弱，不容易卷入面积较大的物体，所以身体必须平卧水面，切不可直立踩水或潜入水中。

SOS
骨折急救方法有哪些

骨折不论在平时或运动时都有可能发生，骨折的原因可分为外伤性和病理性两大类，以外伤性骨折较为常见。其应急要点如下：

第一，用双手稳定及承托受伤部位，限制骨折处的活动，并放置软垫，用绷带、夹板或替代品妥善固定伤肢。

第二，如上肢受伤，则将伤肢固定于胸前，前臂受伤可用书本等托起悬吊于颈部，起临时保护作用。下肢骨折时不要试着站立，应将受伤肢体与健康肢体并拢，用宽带绑扎在一起。脊柱骨折应将伤者放于担架上，平卧搬运，不要让伤者在弯腰姿势下搬动，以免损伤脊髓。

第三，垫高伤肢，减轻肿胀。

第四，如伤肢已扭曲，可用牵引法将伤肢轻沿骨骼轴心拉直；若牵引时引起伤者剧痛或皮肤变白，应立即停止。

第五，完成包扎后，如伤者出现伤肢麻痹或脉搏消失等情况，应立即松解绷带。

第六，如伤口中已有脏物，不要用水冲洗，不要使用药物，也不要试图将裸露在伤口外的断骨复位。应在伤口上覆盖灭菌纱布，然后适度包扎固定。

第七，如伤口中已嵌入异物，不要拔除，可在异物两旁加上敷料，直接压迫止血，并将受伤部位抬高，在异物周围用绷带包扎。千万注意不要将异物压入伤口，以免造成更大伤害。

第八，拨打120急救电话求救。

SOS
呼吸道异物阻塞的急救方法有哪些

第一，救护者可站在病人身后，用双手抱住病人的腰部，一手握拳，拇指的一侧抵住病人的上腹部剑突下、肚脐稍上处，另一只手压住握拳的手，两手用力在病人腹部做快速向内、向上的挤压动作。

第二，当病人意识不清、昏迷倒地时，救护者应面向病人，两腿分开跪在病人身体两侧，双手叠放，下面手掌根放在病人的上腹部剑突下、肚脐稍上处，朝病人上腹部做快速向内、向上的挤压动作。

第三，婴幼儿发生呼吸道异物阻塞时，须将患儿面朝下，头部低于身体，放在救护者的前臂上，再将前臂支撑在大腿上方，用同一只手支撑患儿的头、颈及胸部，用另一只手拍击患儿两肩胛骨之间的背部，使其吐出异物。如果无效，可将患儿翻转过来，面朝上，放在大腿上，托住其背部，头低于身体，用食指和中指猛压其下胸部（两乳头连线中点下方一横指处），反复交替进行拍背和胸部压挤，直至异物排出。

第四，对呼吸停止者，排出异物后应做口对口人工呼吸。

SOS
心肺复苏的急救方法有哪些

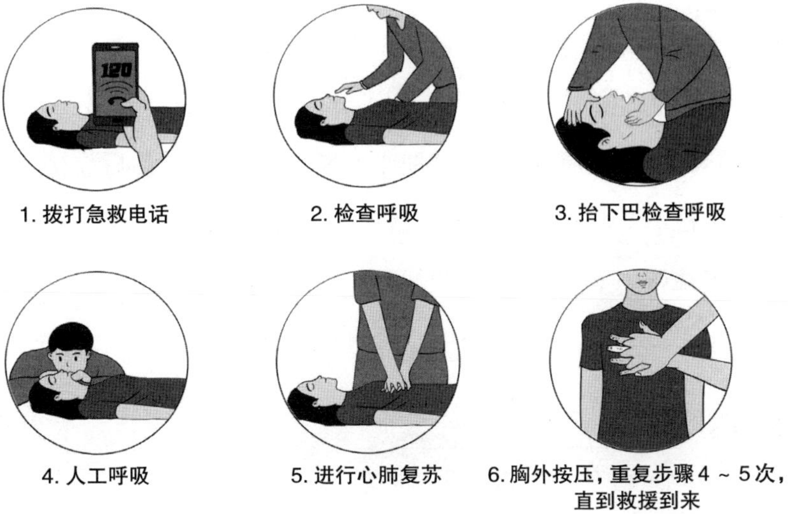

心肺复苏

第一，任何急救开始前，均应及时拨打120急救电话。

第二，抢救前，施救者首先要确保现场安全，确定病人呼吸、脉搏确实停止，然后再施行救助。

第三，施救者先使病人仰面平卧于坚实的平面上，然后自己两腿自然分开，与肩同宽，跪于病人肩与腰之间的一侧。

人工呼吸方法：一手捏住病人鼻翼两侧，另一手食指与中指抬起病人下颌，深吸一口气，用口对准病人的口吹入，吹气停止后放松鼻孔，让病人从鼻孔呼气。依此反复进行，成人每分钟14 ~ 16次，儿童每分钟20次。最初的6 ~ 7次吹气可快一些，以后转为正常速度。同时，要注意观察病人的胸部，操作正确应能看到胸部有起伏，并感到有气流逸出。

胸外心脏按压：让病人的头、胸部处于同一水平面，最好躺在坚硬的地面上。施救者左手掌根部放在病人的胸骨中下半部，右手掌重叠放在左手背上。手臂伸直，利用身体部分重量垂直下压胸腔3～5厘米（儿童3厘米，婴儿2厘米），然后放松。放松时掌根不要离开病人胸腔。挤压要平稳，有规则，不间断，不能冲击猛压。下压与放松的时间应大致相等。频率为成人每分钟80～100次，儿童每分钟100次，婴儿每分钟120次。

SOS
胸腹外伤的急救方法有哪些

第一，对已经刺入胸、腹部的利器，千万不要自行取出。应就近找东西固定利器，并立即送往医院。

第二，因腹部外伤造成肠管脱出体外的，千万不要将脱出的肠管送回腹腔。应在脱出的肠管上覆盖消毒纱布或消毒物类，再用干净的碗或盆扣在伤口上，用绷带或布带固定，迅速送医院抢救。

第三，及时拨打120急救电话。

SOS
眼灼伤的急救方法有哪些

各种化学物品的溶液或粉尘意外进入眼内，或不慎接触到强烈的化学气体，都有可能引起眼灼伤。其应急要点如下：

第一，眼睛被化学物品灼伤后，应尽快用大量清水如自来水、蒸馏水冲洗眼睛。

第二，冲洗时不要溅及未受伤的眼睛。

第三，可以把整个面部泡在水里，连续做睁眼、闭眼的动作。

第四，冲洗后，用清洁敷料覆盖保护伤眼，迅速前往医院就医。

SOS
老人突然跌倒该怎么办

老人最怕突然跌倒。因为跌倒有轻有重，所以处理的方法也各不相同。老人跌倒后不要急着扶起。因为老人大多骨质疏松严重，跌倒后很容易出现骨折，如老人摔倒后出现局部疼痛和肢体活动障碍，就有可能已经发生骨折。如果将老人匆忙扶起，可能会加重损伤，导致骨骼错位，若是伤到脊柱，甚至可能会损及脊髓。所以要分以下情况处理：

第一，意识清醒的。

其一，如果是因为道路不平或者运动功能下降而摔倒，或者是由于看不清路被绊倒，轻者会造成一些摔伤、瘀伤等，严重者可能伤及骨骼，或者存在出血的风险。

其二，如果跌倒的老人没有剧痛、肢体不能活动等感觉，可能伤得不重，可以试着把老人扶起来，但动作一定要慢，也不要用蛮力。

其三，如果老人身上有特别疼痛的地方，或者觉得自己的身体活动有障碍，那可能是伤及骨骼或者神经了，这时若搬动可能会造成更大的损伤，应该小心处理。譬如老人跌伤了手臂，可能会发生桡骨骨折或者尺骨骨折，老人会感到手掌发麻、手臂疼痛，骨折处还会肿胀、变形等。

其四，如果看得到伤口，有出血，要先用衣物、毛巾、手绢等止血包扎。

其五，如果是摔伤了脊椎，特别是颈椎，盲目搬动老人可能会造成脊髓的损伤，轻则几个月才能恢复，重则造成瘫痪。所以这种情况下不可随意移动伤者，而应立即叫救护车，或找专业急救人员来进行处理和转运。

第二，意识不清的。

其一，遇到意识不清的倒地老人，可以先试图叫醒老人，并且同时试探一下老人的呼吸、心跳等。如果老人的呼吸、心跳中止，要立即进行心肺复苏（包括胸外按压、人工呼吸等），并且及时拨打120叫救护车。

其二，如果老人摔倒后还伴有呕吐等症状，一定要把老人的头偏向一侧，以防止呕吐物被误吸引发窒息，也可以用手或身边的工具掏出老人的呕吐物。

其三，如果老人摔倒后还有抽搐等问题，可以用钱包等硬物放在老人上下牙齿之间，防止咬舌，并要及时呼救，找专人处理，千万不要试图用蛮力固定老人抽搐的肢体，防止发生二次损伤。

其四，家中的老人如果有心脏病史，突然倒地并失去意识很可能是心肌梗死，这时也不应随便搬动处理，要立刻拨打120急救电话，送去医院进行救援。

SOS
如何预防自杀

第一，学会倾听，经常聊天。当一个人处于极端狂怒、消沉中，就想一了百了解决自己时，不能指望他自己去调节情绪、平复心情，要主动去帮助他，让他知道有人在听，有人在关心他，有人理解他，从而让他的心情平复。

第二，不要让他一个人待着，要陪在他身边。如果是夫妻两人吵架，不管谁对谁错先顺着对方的意思，让对方的情绪先稳定下来再说。

第三，不要刺激他。语言上的刺激在此时相当于火上浇油。

第四，分散他的注意力，将他暂时带离那个冲动的漩涡。当他情绪低落到一言不发时，那就拉着他去打球或者做点其他事。

第五，如果对方极度冲动，谁的话都听不见，就立即强制性地控制住他，让他远离安眠药、水源等，不让他在冲动时做出极端行为。

第六，作为子女儿孙，要保持定期与家中长辈联系的习惯，多从精神及物质上关心帮助老人，让老人感到家人的温暖。

第七，老人要多多参加乡社的公共活动，多交朋友，培养爱好，让自己的晚年生活丰富多彩。

SOS
如何避免孩子烧烫伤

让小孩远离烧烫伤意外源

第一，勿让小孩随意玩火柴、点明火、点煤气灶、点火油炉和烧柴火。大孩子也应教会他们正确的使用方法及知道火的危险性。煤炉、电炉等周围应装置围栏。尽量不让小孩燃放爆竹、烟花等易燃物。

第二，热水瓶、开水壶、热粥、热汤锅应放置在小孩不易碰撞的稳妥地方。用加压热水瓶较安全，但也应教会大孩子正确的倒水方法，小孩嘱其勿自倒开水。洗脸、洗澡时应先放冷水再加热水，以免烫伤小孩手脚。用热水袋或取暖瓶时要盖紧盖子不使漏水，外加布套或裹毛巾置于脚后远处，不可紧贴小孩身体四肢。

第三，屋内电源插座及开关应置于高处，或用拉线开关较安全。

家用电器应尽量置于小孩不易拿到的地方，勿让小孩接触或摆弄；应教会大孩子正确的使用方法，切勿用湿手或湿布接触电器，如电灯、收音机、电视机等，以免触电、烧伤。打雷时人应远离电器2米以外。

第四，凡化学药品如酸碱类及外用药应放箱上锁，不可让孩子接触。

第五，工地石灰池应加围栏，教育小孩不要玩石灰。

SOS

孩子烧烫伤后如何急救

第一，冲。迅速以室温（约20℃）的自来水冲洗15～30分钟，快速降低皮肤表面热度。切勿直接在皮肤上冰敷，以免造成皮肤二次伤害。

第二，脱。充分湿润后再小心除去衣物，尽量避免硬脱衣物而将伤口水泡弄破。必要时可用剪刀剪开衣服，并暂时保留粘住部分。

第三，泡。继续浸泡于冷水中15分钟，可减轻疼痛及稳定情绪。但若烫伤面积广大，特别是老人和孩子，应避免浸泡时间过久导致体温流失或延误治疗时机。

第四，盖。用清洁干净的毛巾、布单或纱布覆盖伤口。切勿任意涂上外用药或民间偏方，这些方式非但无助于伤口的复原，也容易引起伤口感染以及影响医护人员的判断和紧急处理。

第五，送。除极小且浅（仅有一度之伤口）之烫伤可自理外，最好送往邻近医院做进一步处理。若伤势较严重，则应送往设有烧烫伤中心的医院治疗。

如果是身上着火了，应以“停、躺、滚”的方式处理。当身上着火后，首先要避免到处奔跑，这样只会助长火势。此时，周围的人可用棉被、大衣或湿毛毯覆盖已着火处，协助扑灭火势；伤者也可立即以双手掩住脸部，就地卧倒且快速翻滚的方式自行灭火。待火焰扑灭后，再依上述烧烫伤急救方式处理。

SOS
如何预防被狗咬

第一，尽量远离狗，避免过近的接触。

第二，不要随意去逗陌生的狗，特别是不要让孩子去招惹狗，不要让孩子跟狗独处。

第三，与狗相处时，不要直视、尖叫。

第四，不要用灯光去照射狗的眼睛。

第五，不要盲目地用工具驱赶狗。

第六，不要惊慌地逃跑。

第七，不要在狗睡觉或是吃东西的时候去打扰。

SOS
被狗咬伤如何急救

必须及早预防处理并遵循如下三步并重的处理原则：

第一，要及时、彻底、正确处理伤口。

第二，要正确使用抗狂犬病血清。

第三，要按说明书规定的免疫程序打狂犬病疫苗。形象化地用公式表示“狗咬伤后的处理”＝伤口处理＋抗狂犬病血清使用＋狂犬病疫苗注射＝1/3＋1/3＋1/3＝1，这可看做是“完全的”免疫。

SOS
野外如何防被毒蛇咬伤

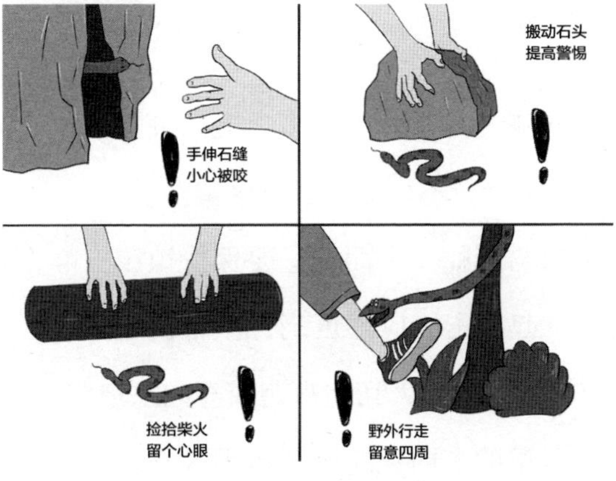

野外防被毒蛇咬伤

第一，除眼镜蛇外，其他蛇类一般不会主动攻击人。当人未发现它而过分逼近蛇体，或无意踩到蛇体时，蛇才咬人。如果遇到蛇，它不向人主动进攻时，千万不要惊扰它，等它逃遁或者等人来救援。

第二，蛇是变温动物，气温达到18℃以上才会出来活动。通常5～10月是蛇咬伤高发期。特别是在闷热欲雨或雨后初晴时蛇经常出洞活动，这个时候要特别注意防蛇。

第三，蛇类的昼夜活动有一定规律。比如，眼镜蛇白天活动，银环蛇晚上活动，蝮蛇白天晚上都有活动。蛇伤主要集中在白天9～15时、晚上18～22时。此外，蝮蛇对热源敏感，夜间行路用明火照亮时，要防避毒蛇咬伤。

第四，穿高帮鞋（皮靴），穿着长衣长裤，戴帽，扣紧衣领、袖口、裤口。

第五，尽量避免在草丛里行军或休息，如果迫不得已，要注意用长棍打草惊蛇。

第六，一些蛇类经常栖于树木之上。翻转石块或圆木以及掘坑挖洞时要使用木棒，不可徒手进行这类活动。

第七，如果与毒蛇不期而遇，要保持镇定安静，不要突然移动，不要向其发起攻击，应远道绕行。若被蛇追逐，应向山坡上跑，或忽左忽右地转弯跑，切勿直跑或直向下坡跑。

第八，把手里的东西往蛇的旁边扔过去，转移它的注意力，或把衣服朝它扔过去蒙住它，然后跑开。

第九，夜行应持手电筒照明。野外露营时应将附近之长草、泥洞、石穴清除，以防蛇类躲藏。关好帐篷门。常备蛇药，以防万一。

第十，如果迫不得已要杀死毒蛇，可取一根长棒，要具有良好的弹性，快速劈向其后脑。

SOS
被蛇咬伤如何自救互救

第一，立即就地自救或互救，千万不要惊慌、奔跑，那样会加快毒素的扩散。

第二，立即用皮带、布带、手帕、绳索等物在距离伤口3～5厘米的地方缚扎，以减缓毒素扩散速度。每隔20分钟需放松2～3分钟，以避免肢体缺血坏死。因蛇毒主要通过淋巴管扩散，可在伤口5～10厘米的肢体近心端轻轻捆扎。切勿长时间勒得过紧，从而影响血液循环造成组织坏死。

第三，用清水冲洗伤口，用生理盐水或高锰酸钾液冲洗更好。此时，如果发现有毒牙残留必须拔出。

第四，冲洗伤口后，用消过毒或清洁的刀片，连结两毒牙痕为中心做“十”字形切口，切口不宜太深，只要切至皮下能使毒液排出即可。

第五，有条件的话，可以用拔火罐或者吸乳器反复抽吸伤口，将毒液吸出。紧急时也可用嘴吸，但是吸的人必须口腔无破溃，吐出毒液后要充分漱口。吸完后，要将伤口温敷，以利毒液继续流出。

第六，可点燃火柴，烧灼伤口，破坏蛇毒。如果身边有火柴，可点燃火柴后吹熄，用烧得红红的火柴头灼烫伤口，破坏含蛋白酶的毒液。

第七，尽快食用各类蛇药，咬伤24小时后再用药无效。同时可用温开水或唾液将药片调成糊状，涂在伤口周围的2厘米处，伤口上不要包扎。

第八，经处理后，要立即去附近医院就医。

SOS

0～6个月婴幼儿预防窒息和气道阻塞的方法有哪些

第一，在婴幼儿的小床上，不要放置任何塑料包装材料和有封口的袋子，这些物品可能会引起婴幼儿窒息。

第二，尽量让婴幼儿单独睡，不与成人一起睡。发生过多次成人的被褥或肢体盖住婴幼儿口鼻而导致婴幼儿窒息的事件。

第三，不要把小的物件放置在婴幼儿可以触碰到的地方。

SOS

7～12个月儿童预防窒息和气道阻塞的方法有哪些

第一，不要给孩子吃硬的、小块的食物，比如苹果、葡萄、胡萝卜、花生、爆米花和果冻。

第二，不要把小的物件放置在孩子可以触碰到的地方，哪怕一会儿也不行。

第三，家中的药品和化学用品（清洗剂、洗衣液等）等要放在高处或锁起来。

第四，给孩子服用药物时，要仔细阅读说明书，或遵医嘱服用。

SOS
1～2岁儿童预防跌落的方法有哪些

第一，孩子已能奔跑和攀爬，要保持家中的地面干燥，特别是浴室，可铺上防滑垫。不要在靠窗的地方放置凳子、沙发等家具。

第二，一楼以上的窗户，要安装防护栏。

第三，保证家具都牢固地靠墙而立，带有尖角的家具要安装防护套。

第四，如果孩子有严重跌伤或跌落后行为不正常，要立即送去医院治疗。

SOS
3～4岁儿童预防割伤的方法有哪些

第一，剪刀、刀具、针、珍珠项链等小物品必须放在上锁的抽屉或孩子不易拿到的地方。

第二，在厨房做菜时，尽可能关上门。豆浆机、榨汁机等家用食品加工电器，使用时成人不得离开，成人离开时须关上电源。

第三，家中较低的桌子如茶几，特别是玻璃的桌子，四边应为圆角，或安装防撞角。

第四，挑选玩具时要注意边角是否锐利。

SOS 5～6岁儿童预防骑车和道路交通伤害的方法有哪些

第一，选择儿童自行车，确保孩子在骑车和滑轮运动前正确佩戴安全头盔、护膝、护手、护肘、滑轮鞋等护具，并检查确保头盔的质量。检查车辆刹车设备是否正常。要穿鲜艳的衣服，引起别人注意。

第二，告诉孩子不要将自行车骑到马路上，并沿自行车道右侧骑车，不得逆向。

第三，教导孩子遵守交通规则，过马路前一定要先停下，观察信号灯和车辆情况。

第四，教导孩子不要在汽车周边玩耍。

第五，给孩子准备合适的儿童安全座椅，并正确安装使用。

SOS 7～9岁儿童预防道路交通伤害的方法有哪些

第一，这个时期的孩子可能会独自上街、上学，家长要教给孩子关于机动车的知识，比如红绿黄路灯对行人的意义等。

第二，告诉孩子过马路时要左看右看再左看。

第三，坚持让孩子坐在汽车后座，并使用儿童安全座椅。

第四，时刻提醒孩子骑车安全，要留心观察，告知其正确的行为。

SOS
10～14岁儿童在娱乐和运动场所如何预防跌落

第一，对娱乐场上和运动场上的项目，要教育孩子认真听指令，不违规。

第二，给孩子准备好运动用的护具，如头盔、护膝等。

第三，对孩子运动和娱乐的场地，要事先做好检查，确保安全。

第四，若孩子有严重跌伤，或跌落后行为不正常，要立即送医。

SOS
如何预防公共场所拥挤踩踏

人群拥挤不要好奇，应远离人群以保护自己。

第一，及时拨打110或120等报警救助电话。

第二，不跟随人群盲目乱动，冷静观察周围形势。

第三，已被裹挟至拥挤的人群中时，要听从指挥人员口令。

第四，要与大多数人的前进方向保持一致，不要试图超过别人，更不能逆行。

第五，跑的时候踏稳每一步，努力保持身体平衡。

第六，发现有人摔倒，要马上停下脚步，同时大声呼救，告知后面的人不要靠近。

第七，若被推倒，要设法靠近墙壁，身体面壁蜷成球状，双手在颈后紧扣，以保护身体最脆弱的部位。如有可能，抓住一样坚固牢靠的东西。

第八，若摔倒在地，应保持俯卧姿势，两手紧抱后脑，两肘支撑地面，胸部不要贴地，这是防止踏伤最关键的一招。

第九，当带着孩子遭遇拥挤的人群时，最好将孩子抱起来，避免孩子在混乱中被踩伤。

公共场所撤退法则：冷静观察，听从指挥；踏稳脚步，与人一致；有人摔倒，大声呼救；摔倒在地，蜷成球形；避免仰卧，以免踏伤。

SOS
扭伤时如何急救

扭伤后，应立即停止运动。首先是冷敷，将扭伤部位泡在水中（最好用冰）冷敷15分钟左右，然后用冷湿布包敷，再用胶布把扭伤部位固定在一定的位置。扭伤最常见于踝关节、手腕及下腰部，紧急的处理办法都是先做冷敷，千万不要揉或者贴止痛膏，以防进一步出血，一两天后再热敷或者贴止痛膏。

SOS 被动物咬（刺）伤时如何现场急救

随着宠物的增多，被狗或猫咬伤的概率增大，在这种情况下，先迅速用净水涂肥皂冲洗干净，并及时注射疫苗。

被蜈蚣咬伤也较常见，蜈蚣是毒虫，被咬后局部马上会出现红肿，并伴有剧烈疼痛，应马上挤出毒液，在伤口的近心端部位用带子等扎起来，并用自来水冲洗，进行冷敷，涂上抗组织胺软膏后马上去医院。

SOS 眼外伤如何急救

眼睛受外伤，绝对不能用自来水洗眼睛。首先处理人自己要把手洗干净，然后用干净纱布盖上眼睛并固定好。如果用力包扎，压迫刺激伤口会发生感染。

如果有异物刺入眼内，千万不要自己取，要用干净酒杯扣在有异物的眼上，再盖上纱布，用绷带固定后尽快送医。

SOS 头部创伤如何急救

第一，迅速用清水洗净伤口异物，盖上一块敷料挤压伤口周围，使创口闭合以减少出血。

第二，保持按压10分钟左右，当出血减缓时，在第一块敷料上再盖上另一块敷料。

第三，用一只手固定放置于伤口的敷料上，并将绷带的一端放在敷料上开始包绕头部，以包扎伤口。

第四，为防止绷带滑脱在头部背后（如果伤口在前面），可使绷带上下缠绕并互相压叠。

SOS

压埋伤如何应急处理

煤窑、防空洞、菜窖、房屋等倒塌，都可能造成人员压塌伤，发生骨折、窒息甚至死亡。发生这种情况，应迅速抢救，将被压伤员救出险境，但不可用力强拉硬拽，以免脊椎骨折者发生脊椎横断。救出伤员后，立即清除伤员口腔和鼻孔内的泥沙，以保持其呼吸道通畅。对呼吸和心脏停止者，应立即进行现场的心肺复苏。对发生出血、骨折者，要进行止血、包扎、骨折固定等处理，然后送医院进一步治疗。

防灾减灾科普在线学习资源

1.广东省数学地震科普馆

https://www.720yun.com/t/nojpmypxl6uy57owfa? pano_id=sTV3DMMY-9cUeOmSQ

2.南粤防震减灾公众号

3.广东应急一键通APP下载

4.地震来了这样办（场景游戏）

后记

本书是前作“新时代乡村振兴百问百答丛书”之《乡村防灾减灾百问百答》和《乡村平安乐居防风险百问百答》的姊妹篇。

2019年，应老友何丞先生之邀，利用暑假编著了《乡村防灾减灾百问百答》和《乡村平安乐居防风险百问百答》。不意《乡村防灾减灾百问百答》随后竟入选国家新闻出版署中国农家书屋推荐书目和广西壮族自治区农家书屋目录。四年来，在全国已经累计销售4万多册，成为全国最畅销的农村防灾减灾科普读物之一，极为意外而荣幸。

作为曾经的农民的子弟，长在农村，上过农大，在乡镇企业和乡镇机关工作过，长期从事“三农”研究工作的大学老师，能够有机会为农民兄弟做些防灾减灾的科普工作，也算是一次难得的“入世”。

2021年底，再承主编何丞先生之邀，续编《农民遇险自救百事通》和《农民预防诈骗百事通》两本口袋书，以应快销时代之需。其间，一边写稿，一边时不时接到各类诈骗电话，听各类骗子忽悠，还要不时提醒一下八旬老母不要上各类骗子的当，我才明白，写书其实是为了像老爸老妈这样善良、忠厚的普通人不再轻易上当受骗，不要遇险难安。

年逾五十，已是知天命之年，却很不成器。唯一可自慰的是那句“不成才的孩子是来报父母恩的”，而报恩的方式即是辑文成册，以过往血泪劝谏之。

值此成书之际，愚真诚感谢业师李恩辕、方天堃、温思美三位教授的化育之恩！感谢本丛书主编何丞先生的提携之谊！并特别感谢广东省地震科普馆慷慨无私地转让地震应急避险系列科普视频使用权并在本书提供链接无偿使用！

最后，感谢广东人民出版社编辑们的杰出工作！也感谢多年来暨南大学应急管理学院诸同事及学生们的包容与支持！

受学识及时间所限，书中贻笑大方之处必挂一漏万，恳请各界先进及诸位书友不吝赐教！

愚感激不尽！叩首为尊！

洪凯

2023年2月